定期テスト **ズバリよくでる** 数学 3年 日本文教版 中学数学3

もくじ

取り外してお使いください 赤シート+直前チェックBOOK,別冊解答

※全国の定期テストの標準的な出題範囲を示しています。学校の学習進度とあわない場合は,「あなたの学校の出題範囲」欄に出題範囲を書きこんでお使いください。

Step 1 基本チェック　1節 式の展開　2節 因数分解

15分

教科書のたしかめ　[ ]に入るものを答えよう！

1節 式の展開　▶ 教 p.12-24　Step 2 ❶-❺

解答欄

次の計算をしなさい。(3)～(7)の式を展開しなさい。

□ (1) $3x(x+2y)=3x\times[\ x\ ]+3x\times[\ 2y\ ]=[\ 3x^2+6xy\ ]$

□ (2) $(6a^2+15a)\div\frac{3}{5}a=(6a^2+15a)\times\left[\ \frac{5}{3a}\ \right]=[\ 10a+25\ ]$

□ (3) $(x+3)(y-2)=[\ xy\ ]-2x+3y-[\ 6\ ]$

□ (4) $(x+1)(x+7)=x^2+([\ 1+7\ ])x+1\times[\ 7\ ]=[\ x^2+8x+7\ ]$

□ (5) $(2x+5)^2=(2x)^2+2\times5\times[\ 2x\ ]+5^2=[\ 4x^2+20x+25\ ]$

□ (6) $64\times56=(60+4)\times(60-4)=[\ 60^2-4^2\ ]=[\ 3584\ ]$

□ (7) $(a+b+4)(a+b-4)=[\ (M+4)(M-4)\ ]$ ← $a+b$ を M とする。
$=[\ M^2-16\ ]=(a+b)^2-16=[\ a^2+2ab+b^2-16\ ]$

(1)
(2)
(3)
(4)
(5)
(6)
(7)

2節 因数分解　▶ 教 p.25-33　Step 2 ❻-❾

次の(8)～(15)の式を因数(いんすう)分解しなさい。

□ (8) $15x^2y-10xy^2-5xy=[\ 5xy\ ]([\ 3x-2y-1\ ])$

□ (9) $a^2-3a-40=[\ (a+5)(a-8)\ ]$

□ (10) $x^2+12x+36=[\ (x+6)^2\ ]$

□ (11) $x^2-18x+81=[\ (x-9)^2\ ]$

□ (12) $y^2-64=[\ (y+8)(y-8)\ ]$

□ (13) $x^2-4xy+4y^2=[\ (x-2y)^2\ ]$

□ (14) $3a^2-18ab+24b^2=3[\ (a-2b)(a-4b)\ ]$

□ (15) $(x-6)^2+6(x-6)+8=[\ M^2+6M+8\ ]$ ← $x-6$ を M とする。
$=(M+2)([\ M+4\ ])=[\ (x-4)(x-2)\ ]$

□ (16) $235^2-215^2=(235+215)\times[\ (235-215)\ ]=450\times20$
$=[\ 9000\ ]$

(8)
(9)
(10)
(11)
(12)
(13)
(14)
(15)
(16)

教科書のまとめ　___ に入るものを答えよう！

□ 単項式と多項式，または多項式と多項式の積の形でかかれた式を，単項式の和の形にかき表すことを，もとの式を 展開 するといい，1つの多項式をいくつかの因数の積の形に表すことを，もとの多項式を 因数分解 するという。

□ $(x+a)(x+b) \rightleftarrows x^2+(\ a+b\ )x+\ ab$

□ $(x+a)^2 \rightleftarrows x^2+2ax+a^2$

□ $(x-a)^2 \rightleftarrows x^2-2ax+a^2$

□ $(x+a)(x-a) \rightleftarrows x^2-a^2$

Step 2 予想問題　1節 式の展開　2節 因数分解

1ページ 30分

【単項式と多項式の乗法，除法】

❶ 次の計算をしなさい。

□(1) $4x(2x-3)$　（　　　）

□(2) $-2a(5a+4b)$　（　　　）

□(3) $(4y^2+8y)\div 2y$　（　　　）

□(4) $(9xy-6y^2)\div\dfrac{3}{5}y$　（　　　）

【式の展開，$(x+a)(x+b)$ の展開】

よく出る

❷ 次の式を展開しなさい。

□(1) $(x+4)(y-2)$　（　　　）

□(2) $(7a+b)(a-4b)$　（　　　）

点UP

□(3) $(a-2)(3a-5b+2)$　（　　　）

□(4) $(x+3)(x-6)$　（　　　）

□(5) $(y-2)(y-6)$　（　　　）

□(6) $\left(\dfrac{3}{7}+x\right)\left(x-\dfrac{4}{7}\right)$　（　　　）

【$(x+a)^2$，$(x-a)^2$ の展開，$(x+a)(x-a)$ の展開】

よく出る

❸ 次の式を展開しなさい。

□(1) $(x+3)^2$　（　　　）

□(2) $(y+9)^2$　（　　　）

□(3) $\left(a-\dfrac{1}{2}\right)^2$　（　　　）

□(4) $(-7+x)^2$　（　　　）

□(5) $(x-8)(x+8)$　（　　　）

□(6) $\left(\dfrac{5}{6}+y\right)\left(y-\dfrac{5}{6}\right)$　（　　　）

ヒント

❶

分配法則を使って計算します。

多項式を単項式でわる計算は，除法を乗法になおして計算します。

ミスに注意

$\dfrac{3}{5}y=\dfrac{3y}{5}$ だから，

$\dfrac{3}{5}y$ の逆数は $\dfrac{5}{3y}$ であることに注意しましょう。

❷

$(a+b)(c+d)$
$=ac+ad+bc+bd$

$(x+a)(x+b)$
$=x^2+(a+b)x+ab$

を使って展開します。

(3) $3a-5b+2$ を，1つの文字とみなします。

(6) $\left(x+\dfrac{3}{7}\right)\left(x-\dfrac{4}{7}\right)$ と考えます。

❸

$(x+a)^2$
$=x^2+2ax+a^2$

$(x-a)^2$
$=x^2-2ax+a^2$

$(x+a)(x-a)$
$=x^2-a^2$

を使って展開します。

(4) $(-7+x)^2=(x-7)^2$ とも考えられます。

[解答▶p.1]

【乗法公式の活用①】

❹ くふうして，次の計算をしなさい。

□(1) 81×79　(　　　)
□(2) 52^2　(　　　)
□(3) 49^2　(　　　)

【乗法公式の活用②】

点UP

❺ 次の式を計算しなさい。

□(1) $(2x+3)(2x-4)$　(　　　)
□(2) $(3x+8)^2$　(　　　)
□(3) $(2x-y)^2$　(　　　)
□(4) $(5-2a)(5+2a)$　(　　　)
□(5) $(x+3)^2+(x-1)(x+4)$　(　　　)
□(6) $(2a-3)^2-(3a+4)(3a-4)$　(　　　)
□(7) $(x-y+5)^2$　(　　　)
□(8) $(a-b+6)(a+b+6)$　(　　　)

【因数分解，乗法公式①をもとにする因数分解】

よく出る

❻ 次の式を因数分解しなさい。

□(1) $ab+4ac$　(　　　)
□(2) $9x^2y+12xy$　(　　　)
□(3) $4x^2+8xy-16x$　(　　　)
□(4) $6a^2b-8ab^2+14ab$　(　　　)
□(5) $x^2+8x+15$　(　　　)
□(6) $a^2-12a+32$　(　　　)
□(7) $x^2-3x-28$　(　　　)
□(8) y^2+y-72　(　　　)

ヒント

❹
どの乗法公式が利用できるか考えます。

❺
(1)～(4)乗法公式が利用できるように，$2x$，$3x$，$2a$ を1つの文字とみなして展開します。
(5)，(6)乗法公式を使って展開し，同類項をまとめます。
(7)，(8)式の中の共通な部分を1つの文字におきかえて，展開します。

❻
(1)～(4)各項に共通な因数がある場合，分配法則を使って，共通な因数をかっこの外にくくり出します。
$ma+mb$
$=m(a+b)$

ミスに注意
文字だけでなく，数もくくり出します。

(5)～(8)積が定数項になる2数から，和が条件にあてはまるものを見つけます。

[解答▶p.1-2]

【乗法公式[2]，[3]，[4]をもとにする因数分解】

よく出る

7 次の式を因数分解しなさい。

□(1) $x^2+14x+49$
(　　　　　)

□(2) $x^2+24x+144$
(　　　　　)

□(3) a^2-2a+1
(　　　　　)

□(4) $x^2-x+\frac{1}{4}$
(　　　　　)

□(5) x^2-9
(　　　　　)

□(6) $81-x^2$
(　　　　　)

【いろいろな因数分解①(因数分解の公式を活用した数の計算)】

8 くふうして，次の計算をしなさい。

□(1) 26^2-16^2
(　　　　　)

□(2) 74^2-73^2
(　　　　　)

□(3) $8.2^2-1.8^2$
(　　　　　)

□(4) $5.9^2-4.9^2$
(　　　　　)

【いろいろな因数分解②】

点UP

9 次の式を因数分解しなさい。

□(1) $9x^2+6x+1$
(　　　　　)

□(2) $81a^2-16$
(　　　　　)

□(3) $4x^2-12x-40$
(　　　　　)

□(4) $7a^2-28a+28$
(　　　　　)

□(5) $(x-5)^2+16(x-5)+64$
(　　　　　)

□(6) $(x+1)^2-4(x+1)-21$
(　　　　　)

□(7) $(a+b)^2-100$
(　　　　　)

□(8) $xy-5x-2y+10$
(　　　　　)

ヒント

7
因数分解の公式[2]′，[3]′，[4]′を使います。どの公式を使えばよいか考えます。
定数項が何の2乗かを調べます。
(4) $\frac{1}{4}=\left(\frac{1}{2}\right)^2$

8
因数分解の公式[4]′を使うと，簡単に計算できます。

9
(3)，(4)まず，共通な因数をくくり出します。
(5)，(6)式の中の共通な部分を1つの文字とみなして考えます。

テスト得ダネ
因数分解はテストではよく出ます。やや複雑な因数分解もふくめ，十分練習を積んでパターンを覚えておきましょう。

Step 1 基本チェック　3節 文字式の活用

15分

教科書のたしかめ　[ ]に入るものを答えよう！

❶ 数の性質を見いだし証明しよう

▶ 教 p.34-35　Step 2 ❶

解答欄

□ (1) 連続する2つの偶数(ぐうすう)では，大きい方の数の2乗から小さい方の数の2乗をひいた差は4の倍数になることを証明します。

連続する2つの偶数のうち，小さい方の偶数を $2n$ とすると，大きい方の偶数は[$2n+2$]と表される。

2乗の差は，

$(2n+2)^2-(2n)^2=[\ 4n^2+8n+4\ ]-[\ 4n^2\ ]$

$=[\ 8n+4\ ]$

$=4([\ 2n+1\ ])$

$2n+1$ は整数だから，連続する2つの偶数では，大きい方の数の2乗から小さい方の数の2乗をひいた差は[4の倍数]になる。

(1) ／

❷ 図形の性質の証明

▶ 教 p.36　Step 2 ❷

□ (2) 縦が x，横が y の長方形の土地の周囲に，幅(はば) a の道があります。この道の真ん中を通る線の長さを ℓ とするとき，この道の面積 S は，$S=a\ell$ と表されることを証明します。

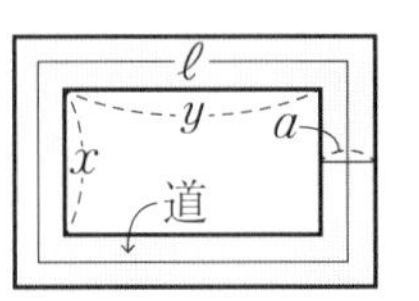

道の面積 S は，次のような計算で求められる。

$S=(x+2a)([\ y+2a\ ])-[\ xy\ ]$

$=2ax+2ay+4a^2=2a([\ x+y+2a\ ])$……①

また，道の真ん中を通る線の縦の長さは $x+a$，横の長さは $y+a$ だから，

$\ell=\{(x+a)+([\ y+a\ ])\}\times 2$

$=2([\ x+y+2a\ ])$

よって，$a\ell=2a([\ x+y+2a\ ])$……②

①，②より，$S=a\ell$

(2) ／

教科書のまとめ　＿＿に入るものを答えよう！

□ 文字を使って数の性質を証明するとき，n を整数とすると，連続する2つの整数は，n，$\underline{n+1}$ と表され，偶数は $\underline{2n}$，奇数(きすう)は $\underline{2n+1}$ と表される。

□ n を整数とすると，連続する3つの整数は，$\underline{n-1}$，n，$\underline{n+1}$ と表される。

□ n を整数とすると，連続する2つの偶数は，$2n$，$\underline{2n+2}$ と表され，連続する2つの奇数は，$2n-1$，$\underline{2n+1}$ と表される。

Step 2 予想問題 3節 文字式の活用

1ページ 30分

【文字を使った証明①】

点UP

1 □ 連続する3つの自然数のうち，真ん中の数を2乗して1をひくと，残りの2数の積に等しくなります。真ん中の数を n として，このことを証明しなさい。

ヒント

1

真ん中の数を n とすると，前後の2数はそれぞれ，

$n-1$，$n+1$

と表されます。

ミスに注意

どの数を n としたかを証明の最初に確認しておきましょう。

【文字を使った証明②(図形の性質の証明)】

2 右の図のように，1辺が x の正方形の池の周囲に，幅 a の道があります。この道の真ん中を通る線の長さを ℓ，この道の面積を S とするとき，次の問いに答えなさい。

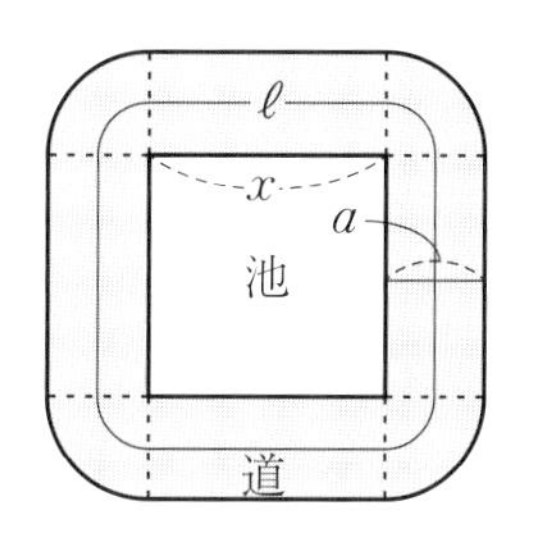

□(1) $x=4$，$a=2$ のとき，S の値を求めなさい。

(　　　　　　)

□(2) $S=a\ell$ が成り立つことを証明しなさい。

2

道を，長方形と円の $\frac{1}{4}$ のおうぎ形に分けて考えます。

円の $\frac{1}{4}$ のおうぎ形4か所をあわせると，半径 a の円になります。

テスト得ダネ

証明の問題はよく出題されています。順序よくかき進められるように練習しておきましょう。

Step 3 予想テスト　1章　式の展開と因数分解

30分　／100点　目標 80点

1 次の式を展開しなさい。知　32点(各4点)

□(1) $3x(x-y)$

□(2) $(9a^2b+12ab^2)\div(-3ab)$

□(3) $(x+4y)(x-y)$

□(4) $(x-3)(x+7)$

□(5) $(x-9)^2$

□(6) $(-x-8)(-x+8)$

□(7) $(5a+2b)^2$

□(8) $(2x+y+5)(2x+y-6)$

2 次の式を因数分解しなさい。知　40点(各5点)

□(1) $3a^2x-9ax^2$

□(2) x^2+x-20

□(3) $x^2+11x+18$

□(4) $x^2-10x+25$

□(5) $9x^2+12xy+4y^2$

□(6) $36x^2-1$

□(7) $ax^2+6ax-40a$

□(8) $(x+2)^2-3(x+2)-18$

3 くふうして，次の計算をしなさい。知　16点(各4点)

□(1) 18^2

□(2) 68×72

□(3) 43^2-42^2

□(4) $9.4^2-8.4^2$

　成績評価の観点　知…数量や図形などについての知識・技能　考…数学的な思考・判断・表現

点UP

❹ 連続する2つの偶数の積に1をたすと奇数の2乗になります。
□ このことを証明しなさい。考　12点

❶	(1)	(2)
	(3)	(4)
	(5)	(6)
	(7)	(8)
❷	(1)	(2)
	(3)	(4)
	(5)	(6)
	(7)	(8)
❸	(1)	(2)
	(3)	(4)
❹	(証明)	

❶ ／32点　❷ ／40点　❸ ／16点　❹ ／12点

[解答▶p.4]

Step 1 基本チェック　1節 平方根

15分

教科書のたしかめ　[ ]に入るものを答えよう！

❶ 2乗すると a になる正の数

▶ 教 p.42-43　Step 2 ❶

解答欄

❷ 2乗すると a になる数

▶ 教 p.44-45　Step 2 ❷❸

□(1) 4の平方根(へいほうこん)は[2]と[-2]で，まとめて表すと，[± 2]　(1)　／　／

□(2) 7の平方根は[$\pm\sqrt{7}$]　(2)

□(3) 5の平方根の負の方は[$-\sqrt{5}$]　(3)

□(4) $(\sqrt{2})^2=$[2]，$(-\sqrt{2})^2=$[2]　(4)　／

□(5) $\sqrt{49}=$[7]　(5)

□(6) $\sqrt{(-9)^2}=$[9]，$-\sqrt{(-5)^2}=$[-5]　(6)　／

❸ 平方根の大小

▶ 教 p.46-47　Step 2 ❹-❻

□(7) 5を2乗すると25，$\sqrt{27}$ を2乗すると[27]なので，5と $\sqrt{27}$ の大小を不等号を使って表すと，5[$<$]$\sqrt{27}$　(7)

□(8) $\sqrt{5}$ は2と3の間にあることを調べます。　(8)　／　／
$(\sqrt{5})^2=$[5]，$2^2=4$，$3^2=9$，$4<$[5]<9 だから，
$\sqrt{4}<\sqrt{5}<\sqrt{9}$ すなわち，[2]$<\sqrt{5}<$[3]
したがって，$\sqrt{5}$ は2と3の間にあります。

□(9) $\sqrt{12}$，$\sqrt{15}$，$\sqrt{20}$，$\sqrt{23}$，$\sqrt{26}$ のうち，4と5の間にあるものをすべて選ぶと，[$\sqrt{20}$，$\sqrt{23}$]です。　(9)

❹ 有理数と無理数

▶ 教 p.48-49　Step 2 ❼

次の(10)～(13)は，有理数(ゆうりすう)ですか，無理数(むりすう)ですか。

□(10) $-\sqrt{7}$ は分数の形に表せないので，[無理数]です。　(10)

□(11) $\sqrt{\dfrac{49}{121}}=\dfrac{7}{11}$ なので，$\sqrt{\dfrac{49}{121}}$ は[有理数]です。　(11)

□(12) π は[無理数]です。$0.3=\dfrac{3}{10}$ なので，0.3は[有理数]です。　(12)　／

教科書のまとめ　＿＿に入るものを答えよう！

□記号 $\sqrt{}$ を 根号 といい，$\sqrt{2}$ を ルート2 と読む。

□ 2乗する(平方する)と a になる数を a の 平方根 という。

□正の数 a の平方根は2つあり，正の方を $\sqrt{a}$，負の方を $-\sqrt{a}$ と表す。

□ 0の平方根は 0 だけである。

□ 2つの正の数 a，b について，$a<b$ ならば $\sqrt{a}$ $<$ $\sqrt{b}$

□分数の形に表すことができる数を 有理数，有理数でない数を 無理数 という。

Step 2 予想問題　1節 平方根

1ページ 30分

【2乗すると a になる正の数】

1 右の図の色がついた四角形は，1めもりが1 cm の方眼を使ってかいた正方形です。この色がついた四角形について，次の問いに答えなさい。

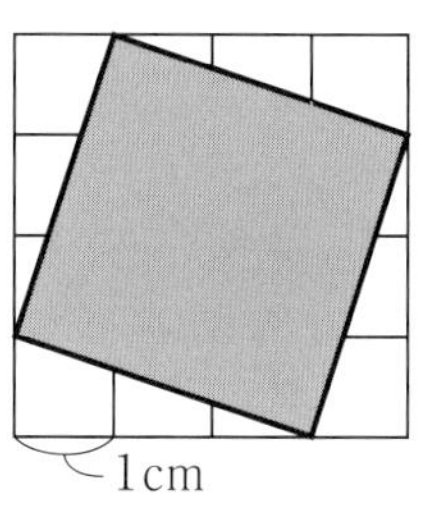

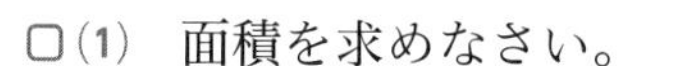
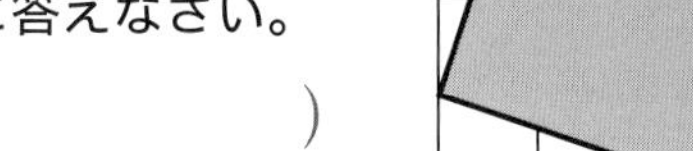

□(1) 面積を求めなさい。　(　　　　)

□(2) 1辺の長さを，根号を使って表しなさい。　(　　　　)

□(3) 1辺の長さを，小数第1位までの近似値で表すとき，小数第1位の数を答えなさい。　(　　　　)

【2乗すると a になる数①】

2 次の数を求めなさい。

□(1) 9の平方根　(　　　　)

□(2) 13の平方根　(　　　　)

□(3) $\frac{25}{81}$ の平方根　(　　　　)

□(4) 64の平方根の負の方　(　　　　)

【2乗すると a になる数②】

よく出る

3 次の数を根号を使わないで表しなさい。

□(1) $\sqrt{144}$　(　　　　)

□(2) $-\sqrt{81}$　(　　　　)

□(3) $(\sqrt{3})^2$　(　　　　)

□(4) $(-\sqrt{11})^2$　(　　　　)

□(5) $\sqrt{13^2}$　(　　　　)

□(6) $-\sqrt{(-6)^2}$　(　　　　)

【平方根の大小①】

4 次の各組の数の大小を，不等号を使って表しなさい。

□(1) $\sqrt{10}$，$\sqrt{13}$　(　　　　)

□(2) 6，$\sqrt{35}$　(　　　　)

□(3) -9，$-\sqrt{80}$　(　　　　)

□(4) -3，$-\sqrt{9.4}$　(　　　　)

ヒント

1

(1)方眼全体から，4つの直角三角形をひきます。

2

(1)$3^2=9$，$(-3)^2=9$

(2)根号を使って表します。

ミスに注意

正の数の平方根は正と負の2つあることに注意しましょう。

3

(1)$\sqrt{144}=\sqrt{12^2}$

(6)　$-\sqrt{(-6)^2}$
$=-\sqrt{36}$
$=-\sqrt{6^2}$

ミスに注意

$-\sqrt{(-5)^2}$ は $-\sqrt{-5^2}$ ではありません。まず根号の中の $(-5)^2$ を計算してみましょう。

4

2乗した数で比べます。

(2)$6^2=36$，
$(\sqrt{35})^2=35$
だから，
$\sqrt{36}>\sqrt{35}$

(3)$(-9)^2=81$，
$(-\sqrt{80})^2=80$
だから，
$\sqrt{81}>\sqrt{80}$

[解答▶p.5]

【平方根の大小②】

5 次の問いに答えなさい。

□(1) $\sqrt{3}$，$\sqrt{6}$，$\sqrt{7}$，$\sqrt{8}$ のうち，2と3の間にあるものをすべて答えなさい。

（　　　　　）

□(2) $\sqrt{9}$，$\sqrt{14}$，$\sqrt{19}$，$\sqrt{24}$，$\sqrt{28}$ のうち，4と5の間にあるものをすべて答えなさい。

（　　　　　）

よく出る

□(3) $3<\sqrt{x}<4$ にあてはまる整数 x の値をすべて求めなさい。

（　　　　　）

□(4) $6<\sqrt{x}<7$ にあてはまる整数 x はいくつありますか。

（　　　　　）

ヒント

5

それぞれの数を2乗して，2つの数の間にあるものを考えます。

2つの正の数 a，b について，$a<b$ ならば，$\sqrt{a}<\sqrt{b}$

【平方根の大小③】

よく出る

6 下の数直線上の点A，B，C，Dは，次の数のどれかを表しています。

□ それぞれの点は，どの数を表しているか答えなさい。

$-\sqrt{15}$　　$\sqrt{\dfrac{1}{2}}$　　$\sqrt{3}$　　$-\sqrt{8}$

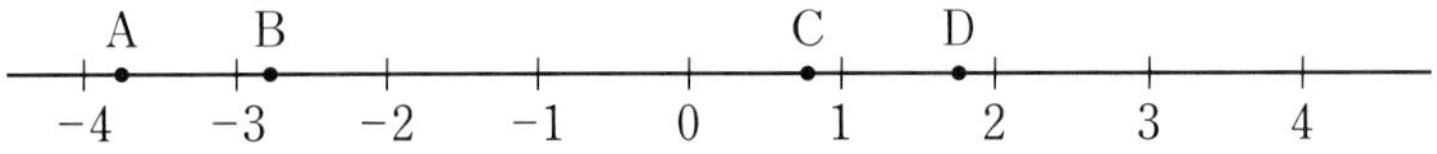

A（　　　）　B（　　　）　C（　　　）　D（　　　）

6

それぞれどの整数とどの整数の間にはいるかの見当をつけます。

テスト得ダネ

テストでは，数直線の点を読ませる問題や，逆に数直線上に数を矢印などで示させる問題も出題されます。どちらも考え方は同じです。

【有理数と無理数】

7 次の数について，下の問いに答えなさい。

$\sqrt{10}$　　$\sqrt{100}$　　$3+\sqrt{2}$　　$-\sqrt{49}$　　$\sqrt{\dfrac{9}{64}}$　　$-\sqrt{0.04}$

□(1) 根号を使わないで表せるものをすべて選び，根号を使わないで表しなさい。（　　　　　）

□(2) 整数であるものをすべて選びなさい。

（　　　　　）

□(3) 無理数であるものをすべて選びなさい。

（　　　　　）

7

根号がついていても，根号の中がある有理数の2乗になれば根号を使わないで表せます。

(有理数)＋(無理数)も分数で表せないので無理数です。

［解答▶p.5］

Step 1 基本チェック　2節 根号をふくむ式の計算

15分

教科書のたしかめ　[ ]に入るものを答えよう！

❶ 根号のついた数の性質　▶ 教 p.51-53　Step 2 ❶❷

解答欄

□(1) $\sqrt{3}\times\sqrt{5}=\sqrt{3\times5}=\sqrt{[\,15\,]}$　(1)

□(2) $\dfrac{\sqrt{6}}{\sqrt{3}}=\sqrt{\dfrac{6}{3}}=[\,\sqrt{2}\,]$　(2)

□(3) $4\sqrt{3}=\sqrt{[\,16\,]}\times\sqrt{3}=\sqrt{[\,48\,]}$　(3)

□(4) $\sqrt{45}=\sqrt{9\times5}=\sqrt{[\,3^2\,]\times5}=[\,3\,]\sqrt{5}$　(4)

□(5) $\sqrt{0.18}=\sqrt{\dfrac{18}{100}}=\dfrac{\sqrt{[\,3^2\,]\times2}}{\sqrt{10^2}}=\dfrac{[\,3\,]\sqrt{2}}{10}$　(5)

❷ 根号をふくむ式の乗法と除法　▶ 教 p.54-55　Step 2 ❸❹

□(6) $2\sqrt{3}\times\sqrt{6}=2\times\sqrt{3\times3\times2}=2\times[\,3\,]\times\sqrt{2}=[\,6\sqrt{2}\,]$　(6)

□(7) $2\sqrt{10}\div\sqrt{6}\times\sqrt{3}=\dfrac{2\sqrt{10}\times\sqrt{3}}{[\,\sqrt{6}\,]}=2\sqrt{\dfrac{30}{6}}=[\,2\sqrt{5}\,]$　(7)

□(8) $\dfrac{\sqrt{3}}{\sqrt{5}}=\dfrac{\sqrt{3}\times[\,\sqrt{5}\,]}{\sqrt{5}\times\sqrt{5}}=\left[\,\dfrac{\sqrt{15}}{5}\,\right]$　(8)

❸ 根号をふくむ式の加法と減法　▶ 教 p.56-57　Step 2 ❺

□(9) $5\sqrt{3}+2\sqrt{3}=(5+2)\sqrt{3}=[\,7\sqrt{3}\,]$　(9)

□(10) $\sqrt{20}+\sqrt{8}-\sqrt{5}=[\,2\,]\sqrt{5}+2\sqrt{2}-\sqrt{5}=[\,\sqrt{5}+2\sqrt{2}\,]$　(10)

❹ 根号をふくむ式のいろいろな計算　▶ 教 p.58-59　Step 2 ❻❼

□(11) $\sqrt{3}(2\sqrt{6}+3\sqrt{3})=\sqrt{3}\times2\sqrt{6}+\sqrt{3}\times[\,3\sqrt{3}\,]=[\,6\sqrt{2}+9\,]$　(11)

□(12) $(\sqrt{2}+3)(\sqrt{2}+1)=(\sqrt{2})^2+(3+1)\times[\,\sqrt{2}\,]+3\times1=[\,5+4\sqrt{2}\,]$　(12)

□(13) $\sqrt{28}+\dfrac{4}{\sqrt{7}}=[\,2\sqrt{7}\,]+\dfrac{4\times\sqrt{7}}{\sqrt{7}\times\sqrt{7}}=\left[\,\dfrac{18\sqrt{7}}{7}\,\right]$　(13)

❺ 平方根の活用　▶ 教 p.60-61　Step 2 ❽

□(14) $x=\sqrt{6}+1$ のとき，x^2-1 の値は，$x^2-1=(x+1)([\,x-1\,])$　(14)
$=(\sqrt{6}+1+1)(\sqrt{6}+1-1)=[\,6+2\sqrt{6}\,]$

□(15) $\sqrt{50}=7.071$ とすると，$\sqrt{5000}=[\,10\,]\sqrt{50}=[\,70.71\,]$　(15)

❻ 測定値と誤差　▶ 教 p.62-63　Step 2 ❾

教科書のまとめ　＿＿に入るものを答えよう！

□ a，b が正の数のとき，$\sqrt{a}\times\sqrt{b}=\underline{\sqrt{ab}}$　$\dfrac{\sqrt{a}}{\sqrt{b}}=\underline{\sqrt{\dfrac{a}{b}}}$　$\sqrt{a^2\times b}=\underline{a\sqrt{b}}$

□ 分母を根号のない形にすることを，分母を ＿有理化＿ するといいます。

Step 2 予想問題　2節 根号をふくむ式の計算

【根号のついた数の性質①】

1 次の数を $\sqrt{a}$ の形にしなさい。

□(1) $\sqrt{5}\times\sqrt{2}$　(　　　)
□(2) $\sqrt{6}\times\sqrt{5}$　(　　　)
□(3) $\sqrt{3}\times\sqrt{7}$　(　　　)
□(4) $\dfrac{\sqrt{15}}{\sqrt{5}}$　(　　　)
□(5) $\dfrac{\sqrt{14}}{\sqrt{2}}$　(　　　)
□(6) $\sqrt{33}\div\sqrt{3}$　(　　　)

【根号のついた数の性質②】

2 次の数を，(1)～(4)は $\sqrt{a}$，(5)～(8)は $a\sqrt{b}$ の形にしなさい。

□(1) $2\sqrt{3}$　(　　　)
□(2) $3\sqrt{6}$　(　　　)
□(3) $5\sqrt{5}$　(　　　)
□(4) $6\sqrt{3}$　(　　　)
□(5) $\sqrt{300}$　(　　　)
□(6) $\sqrt{245}$　(　　　)
□(7) $\sqrt{\dfrac{11}{64}}$　(　　　)
□(8) $\sqrt{0.0007}$　(　　　)

【根号をふくむ式の乗法と除法①】

3 次の計算をしなさい。

□(1) $-4\sqrt{2}\times\sqrt{24}$　(　　　)
□(2) $\sqrt{45}\times\sqrt{28}$　(　　　)
□(3) $(-2\sqrt{3})^2$　(　　　)
□(4) $\sqrt{72}\div(-\sqrt{6})$　(　　　)
□(5) $\sqrt{6}\times4\sqrt{5}\div\sqrt{3}$　(　　　)
□(6) $\sqrt{15}\div\sqrt{6}\times\sqrt{8}$　(　　　)

【根号をふくむ式の乗法と除法②】

4 次の数の分母を有理化しなさい。

□(1) $\dfrac{4}{\sqrt{6}}$　(　　　)
□(2) $\dfrac{\sqrt{5}}{4\sqrt{3}}$　(　　　)
□(3) $\dfrac{2\sqrt{3}}{\sqrt{18}}$　(　　　)

ヒント

1
$\sqrt{a}\times\sqrt{b}=\sqrt{ab}$
$\dfrac{\sqrt{a}}{\sqrt{b}}=\sqrt{\dfrac{a}{b}}$

2
$\sqrt{a^2\times b}=a\sqrt{b}$
(1)～(4) $\sqrt{\ }$ の外の数を2乗して，$\sqrt{\ }$ の中に入れます。
(5)～(8)根号の中に，2乗の形をつくります。

3
$a\sqrt{b}$ の形にできるものは変形してから計算します。除法は，$\dfrac{\sqrt{a}}{\sqrt{b}}=\sqrt{\dfrac{a}{b}}$ が使えます。

ミスに注意
根号の中をできるだけ小さい自然数にして答えましょう。

テスト得ダネ
根号の中を，ある数の2乗との積の形（$a^2\times b$ の形）に表せるようにすることがポイントです。

4
分母と分子に同じ数をかけて，分母を根号のない形にします。

[解答▶p.6]

【根号をふくむ式の加法と減法】

よく出る

5 次の計算をしなさい。

□(1) $2\sqrt{6}-3\sqrt{6}+4\sqrt{6}$ (　　　)

□(2) $2\sqrt{3}-7\sqrt{2}-5\sqrt{3}$ (　　　)

□(3) $3\sqrt{6}+4\sqrt{7}-5\sqrt{6}+\sqrt{7}$ (　　　)

□(4) $\sqrt{75}-\sqrt{27}+\sqrt{12}$ (　　　)

【根号をふくむ式のいろいろな計算①】

よく出る

6 次の計算をしなさい。

□(1) $\sqrt{3}(\sqrt{18}-2\sqrt{6})$ (　　　)

□(2) $(2\sqrt{18}-\sqrt{27})\div\sqrt{3}$ (　　　)

□(3) $(\sqrt{7}+3)(\sqrt{7}-5)$ (　　　)

□(4) $(1-\sqrt{5})^2$ (　　　)

□(5) $(\sqrt{6}+\sqrt{2})(\sqrt{6}-\sqrt{2})$ (　　　)

□(6) $\sqrt{20}+\dfrac{3}{\sqrt{5}}$ (　　　)

【根号をふくむ式のいろいろな計算②】

7 □ $\sqrt{12}\times\sqrt{a}$ の値を，できるだけ小さい自然数にします。整数 a の値を求めなさい。 (　　　)

【平方根の活用】

点UP

8 次の問いに答えなさい。

□(1) $x=\sqrt{3}-5$ のとき，$x^2+10x+25$ の値を求めなさい。 (　　　)

□(2) $\sqrt{6}=2.449$，$\sqrt{60}=7.746$ として，$\sqrt{600}$，$\sqrt{0.006}$ の近似値をそれぞれ求めなさい。 (　　　)

□(3) 面積が 80 cm^2 の正方形の1辺の長さは，面積が 40 cm^2 の正方形の1辺の長さの何倍になりますか。 (　　　)

【測定値と誤差】

9 次の測定値を有効数字3けたと考えて，整数部分が1けたの小数と10の累乗の積の形で表しなさい。

□(1) 211 秒 (　　　)

□(2) 1240 cm^2 (　　　)

□(3) 12700000 m (　　　)

ヒント

5
根号の中の数が同じものは，文字式の同類項と同じようにしてまとめます。

6
(1)，(2)分配法則を利用します。
(3)〜(5)乗法公式を利用します。
(6)分母を有理化してから計算します。

テスト得ダネ
根号をふくむ式の計算はテストによく出ます。

7
$\sqrt{12}$ を，根号の中ができるだけ小さい自然数となるように変形して考えます。

8
(1)式を因数分解してから代入します。
(3)問題にあう図をかいて考えてみます。

テスト得ダネ
平方根と整数に関する問題は重要です。しっかり解法のコツをつかんでおきましょう。

9
有効数字3けたなので，○.○○×10$^{□}$の形で表します。

Step 3 予想テスト　2章 平方根

30分　／100点　目標 80点

❶ 次の数を求めなさい。知　18点(各3点)

□(1) $\frac{4}{49}$ の平方根

□(2) 13の平方根の負の方

□(3) $\sqrt{0.25}$

□(4) $-\sqrt{3^2}$

□(5) $(-\sqrt{5})^2$

□(6) $(\sqrt{0.1})^2$

❷ 次の各組の数の大小を，不等号を使って表しなさい。知　6点(各3点)

□(1) $7,\ 4\sqrt{5}$

□(2) $-\sqrt{10},\ -\sqrt{11}$

❸ 次の数のうち，無理数をすべて選び，記号で答えなさい。知　4点

□

㋐ $\sqrt{8}$　㋑ $\sqrt{\frac{9}{16}}$　㋒ $-\sqrt{0.04}$　㋓ 2π　㋔ $\sqrt{\frac{1}{5}}$

❹ 次の計算をしなさい。知　24点(各3点)

□(1) $\sqrt{18}\times\sqrt{20}$

□(2) $\sqrt{12}\div\sqrt{3}$

□(3) $\sqrt{72}\times\sqrt{3}\times\sqrt{8}$

□(4) $\sqrt{27}\div\sqrt{6}\times\sqrt{10}$

□(5) $\sqrt{2}+\sqrt{18}$

□(6) $5\sqrt{3}-2\sqrt{3}$

□(7) $\sqrt{20}-\sqrt{45}-\sqrt{5}$

□(8) $\sqrt{8}-3\sqrt{2}+\sqrt{50}$

❺ 次の計算をしなさい。知　28点(各4点)

□(1) $\sqrt{2}(\sqrt{18}-\sqrt{12})$

□(2) $(8\sqrt{6}-\sqrt{48})\div(-2\sqrt{3})$

□(3) $(\sqrt{2}+1)(\sqrt{2}-4)$

□(4) $(\sqrt{7}+3)^2$

□(5) $(\sqrt{6}-2)^2$

□(6) $(\sqrt{11}+\sqrt{7})(\sqrt{11}-\sqrt{7})$

□(7) $(\sqrt{5}+4)^2-(\sqrt{5}-4)^2$

❻ 次の計算をしなさい。知　　8点(各4点)

□(1) $\sqrt{2}+\dfrac{6}{\sqrt{2}}$

□(2) $\dfrac{21}{\sqrt{7}}-\dfrac{\sqrt{28}}{2}+\dfrac{\sqrt{21}}{\sqrt{3}}$

2章

点UP

❼ 次の問いに答えなさい。考　　12点(各4点)

□(1) 次の式の a にあてはまる整数をすべて求めなさい。
$\sqrt{12}<a<\sqrt{50}$

□(2) $\sqrt{405}\times\sqrt{a}$ の値をできるだけ小さい自然数にします。整数 a の値を求めなさい。

□(3) 縦4cm，横5cmの長方形があります。面積がこの長方形と等しい正方形の1辺の長さを求めなさい。

❶	(1)	(2)	(3)
	(4)	(5)	(6)
❷	(1)	(2)	
❸			
❹	(1)	(2)	
	(3)	(4)	
	(5)	(6)	
	(7)	(8)	
❺	(1)	(2)	
	(3)	(4)	
	(5)	(6)	
	(7)		
❻	(1)	(2)	
❼	(1)	(2)	
	(3)		

❶ ／18点　❷ ／6点　❸ ／4点　❹ ／24点　❺ ／28点　❻ ／8点　❼ ／12点

[解答▶p.7]

Step 1 基本チェック　1節 2次方程式　2節 2次方程式の活用

15分

教科書のたしかめ　[　]に入るものを答えよう！

1節 ❶ 2次方程式の解　▶ 教 p.70-71　Step 2 ❶❷

解答欄

□(1) -2, -1, 0, 1, 2 のうち，2次方程式 $x^2-3x+2=0$ の解をすべて求めると，[1]，[2]

(1) ／

1節 ❷ 因数分解による解き方　▶ 教 p.72-73　Step 2 ❸

□(2) $(x-1)(x+4)=0$ を解くと，$x=$[1]，$x=$[-4]

(2) ／

□(3) $x^2-5x+6=0$ を解くと，([$x-2$])([$x-3$])$=0$
解は，$x=$[2]，$x=$[3]

(3) ／ ／

□(4) $x^2+10x+25=0$ を解くと，$(x+$[5]$)^2=0$
解は $x=$[-5]の1つだけになります。

(4)

1節 ❸ 平方根の考え方を使った解き方　▶ 教 p.74-75　Step 2 ❹❺

□(5) $x^2-20=0$ を解くと，$x^2=$[20]，$x=$[$\pm2\sqrt{5}$]

(5) ／

□(6) $(x+1)^2=5$ を解くと，$x+1$ を M として，$M^2=5$

$M=$[$\pm\sqrt{5}$]
$x+1=$[$\pm\sqrt{5}$]
$x=$[$-1\pm\sqrt{5}$]

(6)

□(7) $x^2+6x=5$ を解くと，x^2+6x+[9]$=5+$[9]

[$(x+3)^2$]$=14$
$x=$[$-3\pm\sqrt{14}$]

(7) ／

1節 ❹ 2次方程式の解の公式　▶ 教 p.76-78　Step 2 ❻

□(8) $x^2+3x-2=0$ を解くと，

$$x=\frac{-3\pm\sqrt{3^2-4\times1\times(-2)}}{2\times1}=\left[\ \frac{-3\pm\sqrt{17}}{2}\ \right]$$

(8)

1節 ❺ いろいろな2次方程式　▶ 教 p.79　Step 2 ❼❽

2節 ❶ 2次方程式の活用　▶ 教 p.81-83　Step 2 ❾-⓬

教科書のまとめ　＿＿に入るものを答えよう！

□(x の2次式)$=0$ の形になる方程式を，x についての 2次方程式 という。

□ 2次方程式を成り立たせる文字の値を，その2次方程式の 解 といい，2次方程式の解をすべて求めることを，その2次方程式を 解く という。

□ 2次方程式 $ax^2+bx+c=0$ の解の公式…$x=\dfrac{-b\pm\sqrt{b^2-4ac}}{2a}$

Step 2 予想問題　1節 2次方程式　2節 2次方程式の活用

1ページ 30分

【2次方程式の解①】

❶ 次の方程式のうち，2次方程式はどれか選びなさい。

① $x^2=10x$　② $3x-4=9x-6$

③ $x(x-6)=7$　④ $x^2+8x=(x+2)^2$

(　　　　)

【2次方程式の解②】

❷ 次の2次方程式で，解が -2 であるものを選びなさい。

① $x^2=2x$　② $x^2-2=0$

③ $x^2+4x+4=0$　④ $-x^2+4x=4$

(　　　　)

【因数分解による解き方】

よく出る

❸ 次の方程式を解きなさい。

(1) $(x+3)(x-8)=0$　(2) $x(x-5)=0$

(3) $x^2-7x=0$　(4) $6x-9x^2=0$

(5) $x^2+4x+3=0$　(6) $x^2-8x-48=0$

(7) $y^2-3y-70=0$　(8) $x^2-9=0$

(9) $x^2+8x+16=0$　(10) $2x^2=12x-18$

【平方根の考え方を使った解き方①】

よく出る

❹ 次の方程式を解きなさい。

(1) $x^2-6=0$　(2) $3x^2-21=0$

(3) $(x-4)^2=5$　(4) $(x+3)^2=8$

ヒント

❶
すべての項を左辺に移項し，
(x の2次式)$=0$
になる方程式を見つけます。

ミスに注意
④のように，両辺に2次をふくむ項があるが，移項するとなくなる場合もあるので注意しましょう。

❷
$x=-2$ を代入したときに成り立つ方程式を答えます。

❸
$A\times B=0$ ならば，
$A=0$ または $B=0$
2次方程式の解は，ふつう2つありますが，解が1つになる場合もあります。

ミスに注意
(2)～(4)両辺を x でわってはいけません。

❹
$x^2=a$ にあてはまる x の値は a の平方根です。
(3)，(4)かっこの中をひとまとまりとみて，M とします。

3章

【平方根の考え方を使った解き方②】

5 次の方程式を，$(x+▲)^2=●$ の形に変形して解きなさい。

□(1) $x^2+2x=4$　(　　　)

□(2) $x^2-4x=5$　(　　　)

□(3) $x^2-6x+3=0$　(　　　)

□(4) $x^2+10x-16=0$　(　　　)

【2次方程式の解の公式】

点UP

6 次の方程式を，解の公式を使って解きなさい。

□(1) $x^2-3x-2=0$　(　　　)

□(2) $x^2-7x+4=0$　(　　　)

□(3) $3x^2+7x+1=0$　(　　　)

□(4) $2x^2+x-6=0$　(　　　)

□(5) $5x^2+x-4=0$　(　　　)

□(6) $9x^2-30x+25=0$　(　　　)

【いろいろな2次方程式①】

点UP

7 次の方程式を解きなさい。

□(1) $3x(x+2)=x-1$　(　　　)

□(2) $(x+1)(x+3)=15$　(　　　)

□(3) $(x-1)^2=2x$　(　　　)

□(4) $(x-2)^2-5(x-2)+6=0$　(　　　)

【いろいろな2次方程式②】

8 □ x についての2次方程式 $x^2-ax+5=0$ の解の1つが5であるとき，a の値を求めなさい。また，この方程式のもう1つの解を求めなさい。

a の値(　　　)　もう1つの解(　　　)

ヒント

5

(1)，(2)両辺に x の係数の半分の2乗をたします。

(3)，(4)まず，定数項を右辺に移項します。

6

2次方程式

$ax^2+bx+c=0$ の解は，

$x=\dfrac{-b\pm\sqrt{b^2-4ac}}{2a}$

解の公式に代入する a，b，c の値を確認します。

ミスに注意

解が約分できるかどうか確認しましょう。解が有理数になるときや，解が1つのときもあります。

7

まず，式を整理して，(2次式)=0の形にします。2次方程式の解き方のどの方法が使えるか考えて解きます。

8

まず，もとの方程式の x に5を代入して，a の値を求めます。

[解答▶p.8-9]

【2次方程式の活用①】

9 次の問いに答えなさい。

□(1) ある整数を2乗して10をひくと，もとの整数の3倍になるといいます。もとの整数を求めなさい。

(　　　　　　　　)

□(2) ある自然数を2乗して6をひくと，もとの数の5倍になりました。ある自然数を求めなさい。

(　　　　　　　　)

【2次方程式の活用②】

10 □ 縦が16 m，横が24 mの長方形の土地に，右の図のような同じ幅の道を縦と横につくり，残りの面積を345 m^2 にします。この道幅を求めなさい。

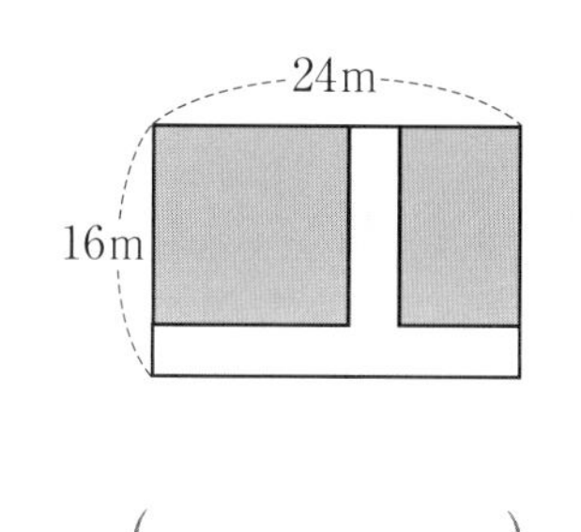

(　　　　　　　　)

【2次方程式の活用③】

11 □ 1辺が8 cmの正方形ABCDで，AP＝DQとなる点P，Qを，それぞれ辺AB，DA上にとります。△APQの面積が6 cm^2 となるのは，APが何cmのときか求めなさい。

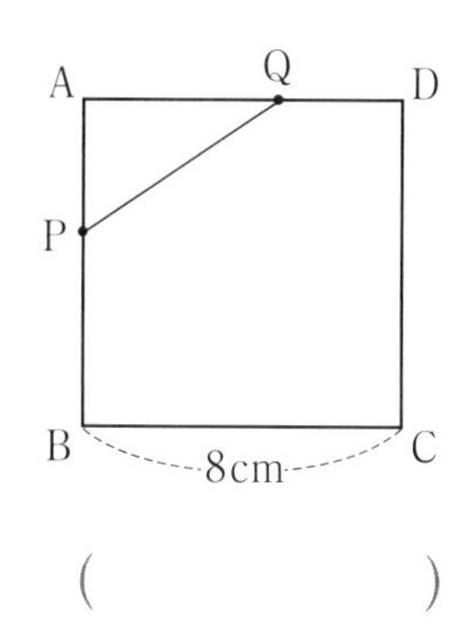

(　　　　　　　　)

【2次方程式の活用④】

よく出る

12 □ 正方形の厚紙の4すみから，1辺が6 cmの正方形を切り取り，ふたのない直方体の容器をつくったところ，容積が2400 cm^3 になりました。はじめの厚紙の1辺の長さを求めなさい。

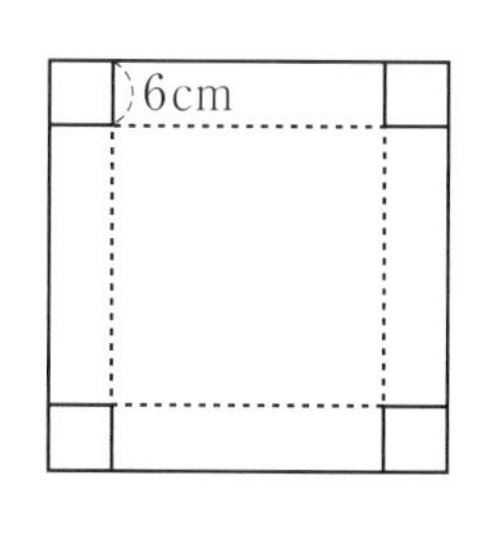

(　　　　　　　　)

ヒント

9
求める数が整数なのか，自然数なのか確認します。
もとの数を x として，2次方程式をつくります。

10
道幅を x mとして考えます。

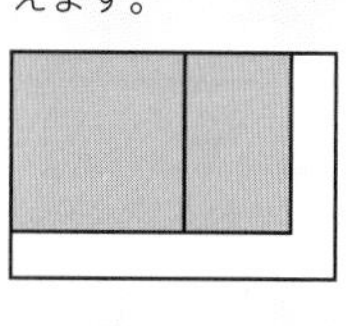

11
AP＝x cmとすると，AQは，$(8-x)$ cmと表されます。

12
(容積)
＝(縦)×(横)×(高さ)

テスト得ダネ
2次方程式の活用の問題は，よく出題されます。式のつくり方，解き方，解があてはまるかどうかなどをマスターしておきましょう。

3章

[解答▶p.9]

Step 3 予想テスト　3章 2次方程式

30分

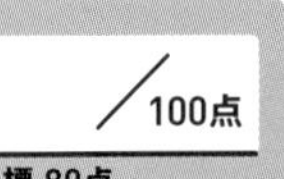

目標 80点

1 次の方程式で，解が2であるものを選びなさい。知　　4点

□ ① $x^2+2x-1=0$　② $x^2-7x+2=0$　③ $x^2+x-6=0$

2 次の2次方程式を解きなさい。知　　16点(各4点)

□(1) $(x-2)(x+3)=0$

□(2) $x^2+4x+3=0$

□(3) $x^2+7x=0$

□(4) $(x+3)(x-2)=-4$

3 次の2次方程式を解きなさい。知　　10点(各5点)

□(1) $2x^2-12=0$

□(2) $(x+4)^2-6=0$

4 次のア～カにあてはまる数を求めなさい。知　　10点(各完答，各5点)

□(1)
$$x^2+4x+2=0$$
$$x^2+4x=\boxed{ア}$$
$$x^2+4x+\boxed{イ}=\boxed{ア}+\boxed{イ}$$
$$(x+\boxed{ウ})^2=\boxed{エ}$$
$$x+\boxed{ウ}=\pm\boxed{オ}$$
$$x=\boxed{カ}$$

□(2)
$$x^2-3x-5=0$$
$$x^2-3x=5$$
$$x^2-3x+\boxed{ア}=5+\boxed{ア}$$
$$(x-\boxed{イ})^2=\boxed{ウ}$$
$$x-\boxed{イ}=\pm\boxed{エ}$$
$$x=\boxed{オ}$$

5 次の2次方程式を，解の公式を使って解きなさい。知　　20点(各5点)

□(1) $x^2-5x+1=0$

□(2) $x^2-3x-9=0$

□(3) $3x^2-4x-1=0$

□(4) $2x^2+5x-3=0$

6 次の2次方程式を解きなさい。知　　20点(各5点)

□(1) $x^2-0.1x-0.2=0$

□(2) $\frac{1}{2}x^2-\frac{1}{3}x=1$

□(3) $3(x-6)^2-30=0$

□(4) $2x(x-2)=(x+1)(x-2)$

❼ 次の問いに答えなさい。 考　　10点(各完答，各5点)

□(1) x についての2次方程式 $x^2+ax-16=0$ の解の1つが2であるとき，a の値を求めなさい。また，この方程式のもう1つの解を求めなさい。

□(2) x の2次方程式 $x^2+ax+b=0$ の2つの解が $x=-2$，$x=4$ であるとき，a と b の値を求めなさい。

点UP

❽ 次の問いに答えなさい。 考　　10点(各5点)

□(1) 大小2つの正の整数があります。その差が7で，積が60になるとき，この2数を求めなさい。

□(2) まわりの長さが36 cm，面積が56 cm² の長方形をつくるとき，この長方形の短い方の辺の長さを求めなさい。

❶			
❷	(1)	(2)	
	(3)	(4)	
❸	(1)	(2)	
❹	(1) ア	イ	ウ
	エ	オ	カ
	(2) ア	イ	ウ
	エ	オ	
❺	(1)	(2)	
	(3)	(4)	
❻	(1)	(2)	
	(3)	(4)	
❼	(1) a の値　もう1つの解	(2) a の値　b の値	
❽	(1)	(2)	

Step 1 基本チェック　1節 関数 $y=ax^2$

15分

教科書のたしかめ　[　]に入るものを答えよう！

解答欄

❶ 2乗に比例する関数　▶ 教 p.90-91　Step 2 ❶

□(1) 関数 $y=2x^2$ では，y は x の[2乗]に比例し，比例定数は[2]，x の値が4倍になると，y の値は[16]倍になります。

(1)　／

❷ 関数 $y=ax^2$ の性質　▶ 教 p.92-93　Step 2 ❷❸

□(2) y は x の2乗に比例し，$x=3$ のとき $y=18$ です。
$y=ax^2$ とし，$x=3$，$y=18$ を代入して a の値を求めると，
$a=$[2]　よって，y を x の式で表すと，[$y=2x^2$]

(2)　／

❸ 関数 $y=x^2$ のグラフ　▶ 教 p.94-95　Step 2 ❹

❹ 関数 $y=ax^2$ のグラフ　▶ 教 p.96-100　Step 2 ❹-❻

□(3) 関数 $y=ax^2$ で，$a>0$ のとき，a の値が大きいほど，グラフの開き方は[小さく]なります。
右の図で，$y=2x^2$ のグラフは[㋑]であり，$y=-\frac{1}{2}x^2$ のグラフは[㋓]です。

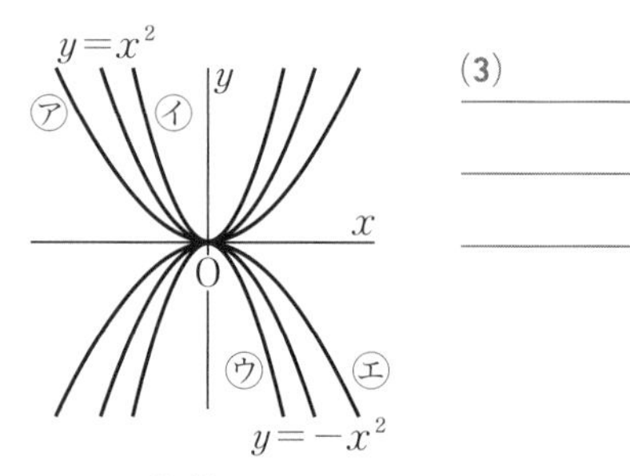

(3)

❺ 関数 $y=ax^2$ の値の変化　▶ 教 p.102-103　Step 2 ❼❽

□(4) $y=2x^2$ で，x の値が増加するとき，$x<0$ の範囲(はんい)では，y の値は[減少]します。$x>0$ の範囲では，y の値は[増加]します。
$x=0$ のとき，$y=$[0]で，この値が y の[最小値]です。

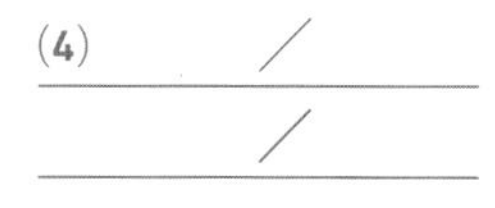

(4)　／　／

❻ 関数 $y=ax^2$ の変化の割合　▶ 教 p.104-106　Step 2 ❾

□(5) 関数 $y=-2x^2$ で，x の値が1から3まで増加するときの変化の割合は，$\frac{(y\text{の増加量})}{(x\text{の増加量})}=\frac{[-18]-(-2)}{3-1}=[-8]$

(5)　／

教科書のまとめ　＿＿に入るものを答えよう！

□関数 $y=ax^2$ のグラフは，原点を通り，y 軸(じく)について対称(たいしょう)な 放物線(曲線) である。
□関数 $y=ax^2$ のグラフは，$a>0$ のときは 上 に開き，$a<0$ のときは 下 に開く。
□関数 $y=ax^2$ のグラフは，a の絶対値が大きいほど，グラフの開き方は 小さ くなる。
　また，a の絶対値が等しく符号が異なる2つのグラフは，x 軸 について対称である。
□関数 $y=ax^2$ の変化の割合は $\frac{(\ y\ \text{の増加量})}{(\ x\ \text{の増加量})}$ で求められる。

Step 2 予想問題　1節 関数 $y=ax^2$

1ページ 30分

【2乗に比例する関数】

1 次の関数のうち，y が x の2乗に比例するものをすべて選びなさい。

□ ① $y=2x$　② $y=x^2$　③ $y=4x+5$

④ $y=\dfrac{5}{x}$　⑤ $y=\dfrac{2}{7}x^2$　⑥ $y=-3x^2$

（　　　　）

ヒント

1
$y=ax^2$ で表される関数を選びます。
a は自然数だけでなく，分数や負の数の場合もふくまれます。

【関数 $y=ax^2$ の性質①】

2 底面の円の半径が x cm で高さが 6 cm の円錐の体積を y cm^3 とします。次の問いに答えなさい。

□(1) y を x の式で表しなさい。

（　　　　）

□(2) 底面の円の半径を2倍にすると，体積はもとの円錐の体積の何倍になりますか。

（　　　　）

□(3) 底面の円の半径を $\dfrac{1}{2}$ 倍にすると，体積はどうなりますか。

（　　　　）

2
y が x の2乗に比例するとき，x の値が m 倍になると，それに対応する y の値は m^2 倍になります。

テスト得ダネ
2乗をふくむ公式
正方形の面積
（1辺）×（1辺）
円の面積
（半径）×（半径）
×（円周率）
はテストによく出ます。

【関数 $y=ax^2$ の性質②】

よく出る

3 y は x の2乗に比例し，$x=2$ のとき $y=16$ です。次の問いに答えなさい。

□(1) 比例定数を求めなさい。

（　　　　）

□(2) y を x の式で表しなさい。

（　　　　）

□(3) $x=-3$ のときの y の値を求めなさい。

（　　　　）

3
(1) $y=ax^2$ とおいて，$x=2$，$y=16$ を代入します。
(3)(2)の式に，$x=-3$ を代入します。

4章

【関数 $y=x^2$ のグラフ，関数 $y=ax^2$ のグラフ①】

❹ 次の関数のグラフをかきなさい。

□(1)　$y=x^2$

□(2)　$y=\frac{1}{2}x^2$

□(3)　$y=\frac{1}{4}x^2$

□(4)　$y=-\frac{1}{4}x^2$

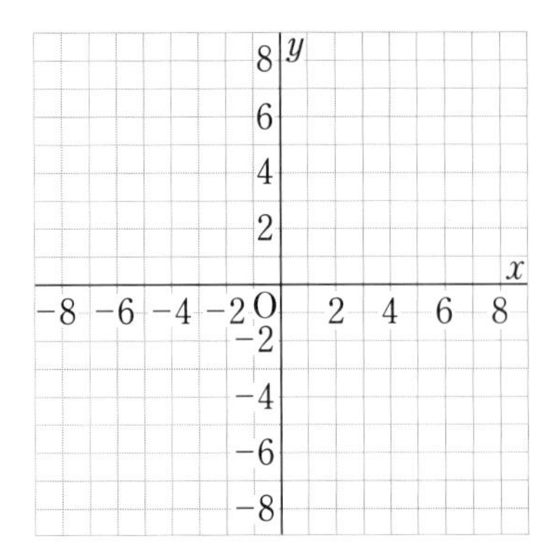

ヒント

❹

いくつかの点をとって，なめらかな曲線で結びます。

(3)，(4)たがいに x 軸について対称なグラフになります。

【関数 $y=ax^2$ のグラフ②】

よく出る

❺ 右の図の㋐～㋓のグラフは，次の(1)～(4)の関数のグラフです。(1)～(4)にあてはまるグラフを選び，記号で答えなさい。

□(1)　$y=\frac{3}{2}x^2$

(　　　　　)

□(2)　$y=-2x^2$

(　　　　　)

□(3)　$y=x^2$

(　　　　　)

□(4)　$y=-\frac{1}{2}x^2$

(　　　　　)

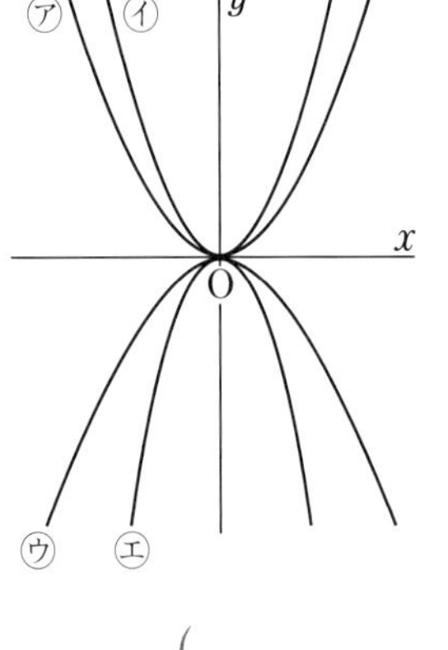

❺

$y=ax^2$ のグラフは，$a>0$ のときは上に開き，$a<0$ のときは下に開きます。また，a の絶対値が大きいほど，グラフの開き方は小さくなります。

【関数 $y=ax^2$ のグラフ③】

❻ 右の図は，関数 $y=ax^2$…①と関数 $y=bx^2$…②のグラフです。次の問いに答えなさい。

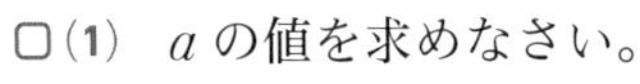

□(1)　a の値を求めなさい。

(　　　　　)

□(2)　b の値を求めなさい。

(　　　　　)

□(3)　①のグラフと x 軸について対称なグラフの式を求めなさい。

(　　　　　)

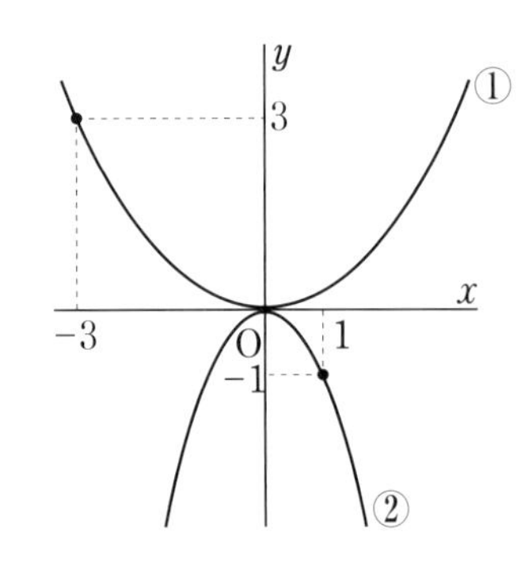

❻

(1) $y=ax^2$ に，$x=-3$，$y=3$ を代入します。

(2) $y=bx^2$ に，$x=1$，$y=-1$ を代入します。

(3) x 軸について対称なグラフは，a の符号が異なる式になります。

[解答▶p.11-12]

【関数 $y=ax^2$ の値の変化①】

よく出る

7 関数 $y=4x^2$ について，x の変域が次の(1)，(2)のときの y の変域を求めなさい。

□(1)　$3 \leqq x \leqq 6$　　□(2)　$-1 \leqq x \leqq 2$

(　　　　　　)　(　　　　　　)

【関数 $y=ax^2$ の値の変化②】

8 次の関数について，下の問いに答えなさい。

$$y=\frac{1}{2}x^2\ (-2 \leqq x \leqq 4)$$

□(1)　グラフを右の図にかきなさい。

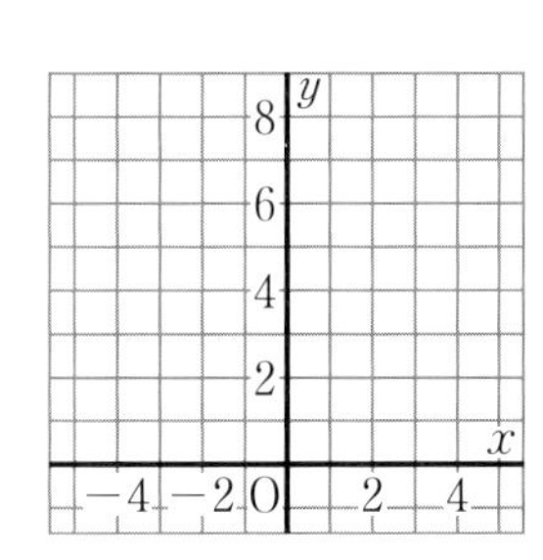

□(2)　y の変域を求めなさい。

(　　　　　　)

【関数 $y=ax^2$ の変化の割合】

よく出る

9 関数 $y=\frac{1}{4}x^2$ について，x の値が次のように増加するときの変化の割合を求めなさい。

□(1)　1から3まで　　□(2)　-8 から -4 まで

(　　　　　　)　(　　　　　　)

ヒント

7
グラフがどんな形になるか考えます。

ミスに注意
$x=0$ が x の変域にふくまれているかどうかに注意しましょう。

8
(1)変域のなかでいくつかの点をとって，なめらかな曲線で結びます。

9
(変化の割合)
$=\frac{(y\text{の増加量})}{(x\text{の増加量})}$

テスト得ダネ
変化の割合の問題はよく出ます。求め方だけでなく，その意味も理解しておきましょう。

4章

Step 1 基本チェック　2節 関数の活用

15分

教科書のたしかめ　[　]に入るものを答えよう！

1 関数 $y=ax^2$ の活用

▶ 教 p.108-109　Step 2 1

解答欄

□(1) ある斜面(しゃめん)を転がるボールが，転がり始めてから x 秒間に転がった距離(きょり)を y m とすると，$y=3x^2$ という関係があります。
1秒後から3秒後までの平均の速さは，秒速[12]m です。
2秒後から5秒後までの平均の速さは，秒速[21]m です。

(1)

2 関数のグラフの活用

▶ 教 p.110-111

3 放物線と直線のいろいろな問題

▶ 教 p.112　Step 2 2

□(2) 関数 $y=ax^2$ のグラフ上に2点A，Bがあります。点Aの x 座標が -4，Bの座標が(2, 1)であるとき，
a の値は$\left[\dfrac{1}{4}\right]$，直線ABの式は $y=\left[-\dfrac{1}{2}x+2\right]$

(2)　／

4 自動車が止まるまでの距離を考えよう

▶ 教 p.113-115

5 いろいろな関数

▶ 教 p.116-117　Step 2 3

右のグラフは，ある都市のタクシーの走った距離と料金をグラフに表したものです。x km 走ったときの料金を y 円とします。

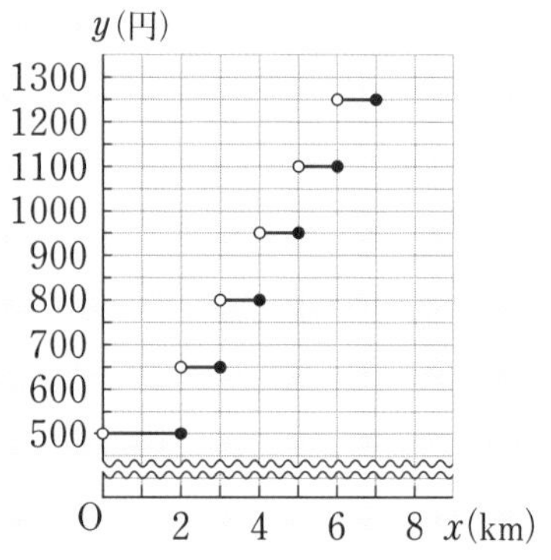

□(3) 2.5 km 走ったときの料金は[650]円です。950円以下で行けるのは，最大で[5]kmです。

(3)

□(4) 料金が1250円のとき，走った距離 x は，[6]$<x\leqq$[7]

(4)　／

□(5) y は x の関数であると[いえます]。

(5)

教科書のまとめ　＿＿に入るものを答えよう！

□Aさん，Bさんが出発してから x 秒間で進む距離を y m とし，進行のようすを表したグラフが右の図のようになるとき，グラフの交点の x 座標は，AさんがBさんに追いつくまでの 時間 を表している。y 座標は，AさんがBさんに追いつくまでの 距離 を表している。

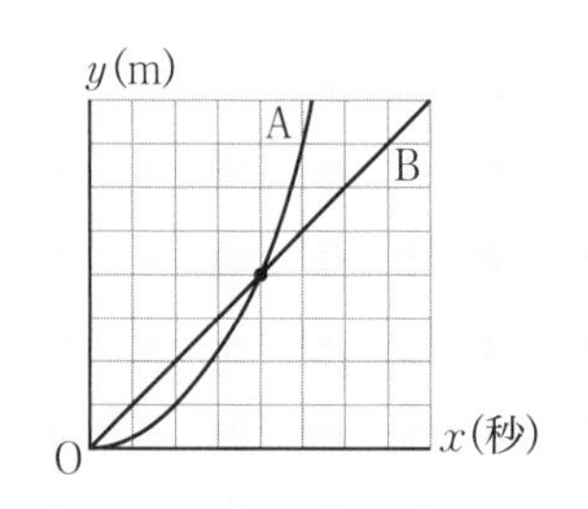

Step 2 予想問題　2節 関数の活用

1ページ 30分

【関数 $y=ax^2$ の活用】

よく出る

1 ある斜面を転がる球が，転がり始めてから x 秒間に転がった距離を y m とすると，$y=2x^2$ の関係が成り立ちます。球が転がり始めてから3秒後までの平均の速さ，4秒後から6秒後までの平均の速さを求めなさい。

3秒後まで（　　　　　）　4秒後から6秒後まで（　　　　　）

【放物線と直線のいろいろな問題】

2 右の図のように，関数 $y=x^2$ のグラフ上に2点A，Bがあります。それぞれの x 座標が -3，2であるとき，次の問いに答えなさい。

□(1) 2点A，Bの座標を求めなさい。

A（　　，　　）　B（　　，　　）

□(2) 2点A，Bを通る直線の式を求めなさい。

（　　　　　）

【いろいろな関数】

3 次の表は，ある運送会社の料金表です。下の問いに答えなさい。

重量(kgまで)	0.5	1	2.5	5	7	10	14	20
料金(円)	350	500	700	950	1250	1650	2150	2800

□(1) 重量 x kg のときの料金を y 円とするとき，y は x の関数であるといえますか。

（　　　　　）

□(2) 5 kg までの範囲で，x と y の関係をグラフに表しなさい。

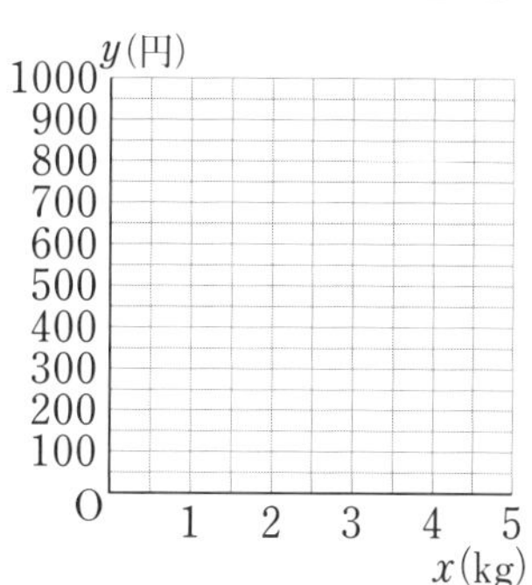

□(3) 800円以下で送ることができる荷物の重量は，最大で何kgですか。

（　　　　　）

ヒント

1 (平均の速さ) $=\dfrac{(\text{進んだ道のり})}{(\text{かかった時間})}$

2 (1) 2点A，Bは，関数 $y=x^2$ のグラフ上の点だから，x 座標をそれぞれ $y=x^2$ に代入します。
(2) 求める直線の式を $y=ax+b$ とします。

3 (2) その点をふくむ場合は•，ふくまない場合は∘で表します。
(3) 表やグラフから考えます。

4章

Step 3 予想テスト　4章 関数 $y=ax^2$

30分　／100点　目標 80点

1 次のア～エについて，下の問いに答えなさい。知　25点（(2)完答，各5点）

ア　半径が x cm の半円の面積 y cm²

イ　時速 4 km で，x 時間進んだときの道のり y km

ウ　縦 x cm，横 $2x$ cm の長方形の面積 y cm²

エ　1冊 x 円のノートを5冊買って，1000円出したときのおつり y 円

□(1)　ア～エについて，それぞれ y を x の式で表しなさい。

□(2)　y が x の2乗に比例するものをすべて選び，記号で答えなさい。

2 次の問いに答えなさい。知　15点（各5点）

□(1)　y は x の2乗に比例し，$x=3$ のとき $y=-18$ である。y を x の式で表しなさい。

□(2)　関数 $y=-x^2$ で，x の値が2から4まで増加するときの変化の割合を求めなさい。

□(3)　関数 $y=ax^2$ で，x の値が1から3まで増加するときの変化の割合は6である。a の値を求めなさい。

3 物体が自然に落下するとき，落ちる距離 y m は，落ち始めてからの時間 x 秒の2乗に比例し，比例定数は 4.9 であるとします。次の問いに答えなさい。知　18点（各6点）

□(1)　y を x の式で表しなさい。

□(2)　落ち始めてから10秒間では，何 m 落ちますか。

□(3)　高さ 19.6 m のところから物体を落とすと，地上に落ちるまでに何秒かかりますか。

4 右の図のように，1辺が 10 cm の正方形ABCDがあり，点P，Qが頂点Bを同時に出発し，点Pは毎秒 2 cm の速さで辺AB上を頂点Aまで動き，点Qは毎秒 1 cm の速さで辺BC上を頂点Cの方に動き，PがAに到着すると止まります。点Pが頂点Bを出発してから x 秒後の△PBQの面積を y cm² として，次の問いに答えなさい。知　18点（(2)完答，各6点）

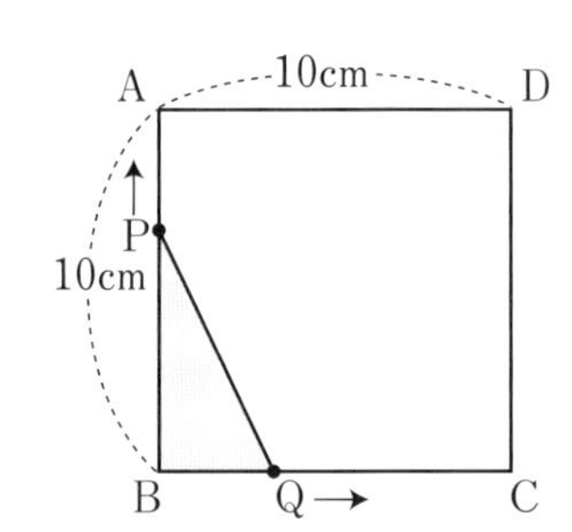

□(1)　y を x の式で表しなさい。

□(2)　x の変域と y の変域を求めなさい。

□(3)　(2)の変域に注意して，(1)のグラフをかきなさい。

5 □ 右のグラフは，A 駅を出発して B 駅方面へ向かう電車①と B 駅を通過して A 駅方面へ向かう電車②について，電車①が A 駅を出発してからの時間 x 秒と A 駅からの道のり y m の関係を表したものです。電車①が $y=\frac{1}{4}x^2$ の関係で表されているとき，電車①と電車②がすれちがうのは，電車①が A 駅を出発してから何秒後ですか。考　6 点

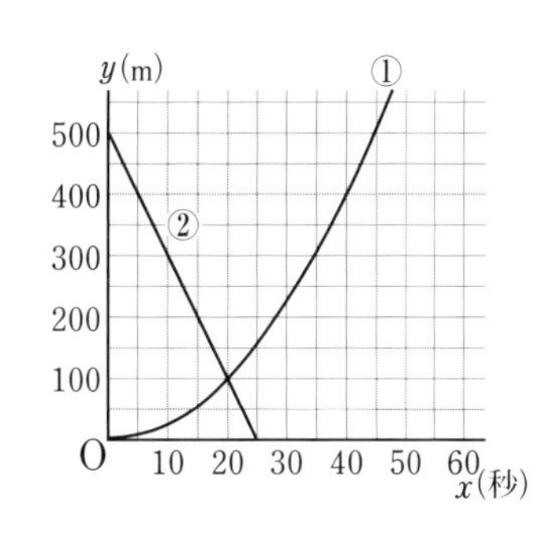

6 右の図のように，関数 $y=x^2$ のグラフ上に 2 点 A，B があり，それぞれの x 座標が 2，-1 であるとき，次の問いに答えなさい。考　18 点(各 6 点)

□(1)　2 点 A，B の座標をそれぞれ求めなさい。

□(2)　2 点 A，B を通る直線の式を求めなさい。

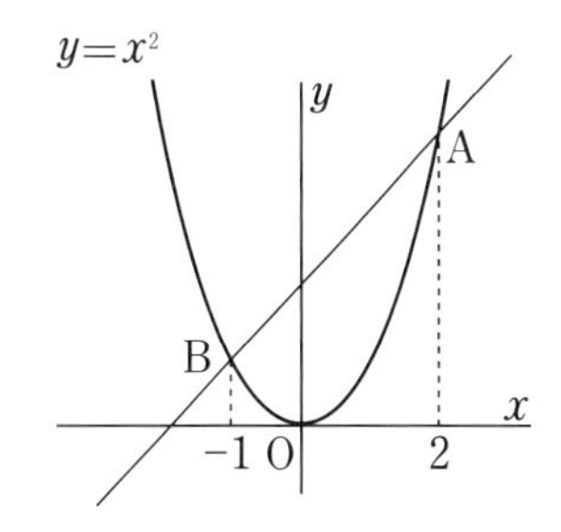

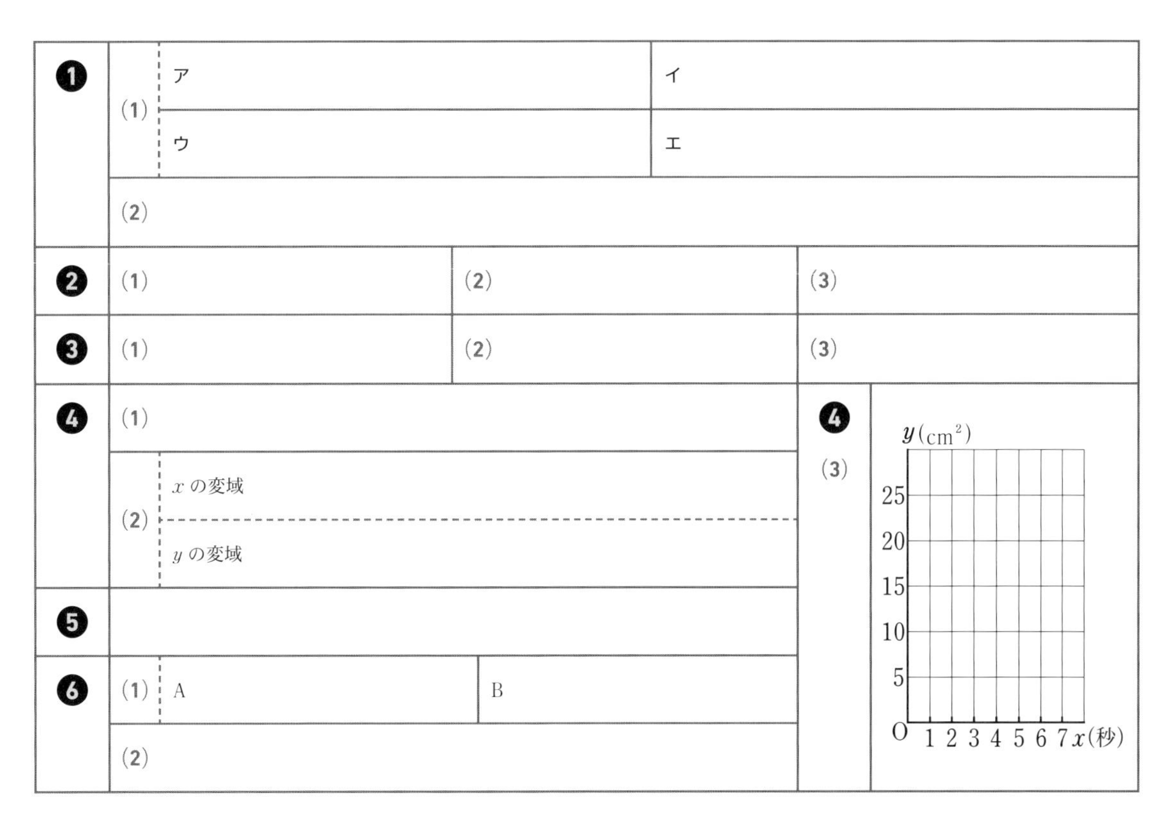

1	(1) ア	イ
	(1) ウ	エ
	(2)	
2	(1)	(2)	(3)
3	(1)	(2)	(3)
4	(1)	
	(2) x の変域	
	(2) y の変域	
4 (3)		
5		
6	(1) A	B
	(2)	

Step 1 基本チェック　1節 相似な図形

15分

教科書のたしかめ　[ ]に入るものを答えよう！

❶ 図形の相似　▶ 教 p.124-125　Step 2 ❶

解答欄

□(1) 図1の2つの三角形が相似(そうじ)であることを，△ABC∽△[DEF]と表します。

□(2) ∠B に対応する角は，∠[E]

図1

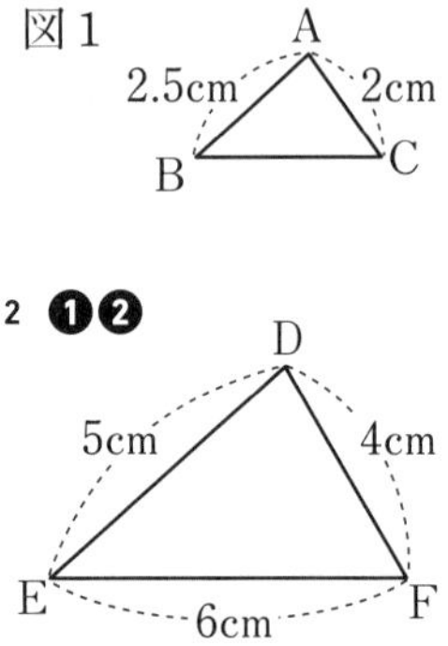

A, 2.5cm, 2cm, B, C

D, 5cm, 4cm, E, 6cm, F

(1) ____

(2) ____

❷ 相似の位置と相似比　▶ 教 p.126-127　Step 2 ❶❷

□(3) 図1で，△ABC と △DEF の相似比は，1：[2]

(3) ____

❸ 相似な図形の性質の活用　▶ 教 p.128-129　Step 2 ❸❹

□(4) 図1で，相似な図形の[対応する]辺の比は等しいから，
AC：DF＝BC：[EF]より，BC＝x cm とすると，
$2:4=x:6$
$4x=2\times 6$　$x=$[3]

(4) ____

❹ 三角形の相似条件　❺ 相似の証明　▶ 教 p.130-134　Step 2 ❺-❼

□(5) 図2で，AC＝2DC，BC＝2EC のとき，△DEC∽△ABC であることを証明します。
△DEC と △ABC において，仮定から，
DC：[AC]＝EC：[BC]＝1：2……①
また，∠C は[共通]……②
①，②より，2組の[辺の比]と[その間]の角がそれぞれ等しいから，△DEC∽△ABC

図2

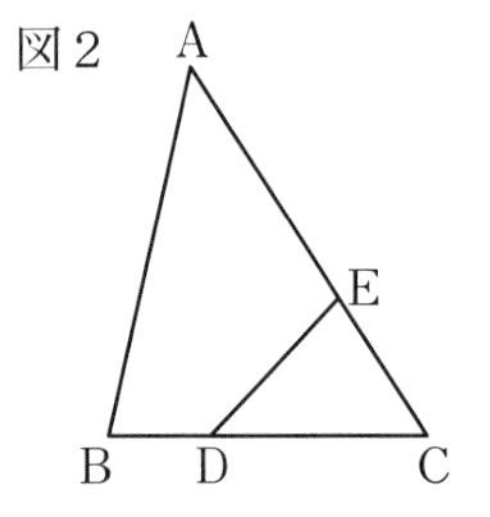

(5) ____ ／ ____ ／ ____

❻ 縮図の活用　▶ 教 p.135-136　Step 2 ❽

教科書のまとめ　___に入るものを答えよう！

□ 一方の図形を拡大または縮小したものと，他方の図形が合同→2つの図形は 相似 である。

□ 相似な図形では，対応する線分の長さの 比 は等しい。また，対応する 角 の大きさは等しい。

□ 相似な2つの図形で，対応する線分の長さの比を 相似比 という。

□ $a:b=c:d$ ならば，$ad=bc$

□ 三角形の相似条件…
1 3組の 辺の比 がすべて等しい。
2 2組の辺の比とその 間の角 がそれぞれ等しい。
3 2組の 角 がそれぞれ等しい。

Step 2 予想問題　1節 相似な図形

【図形の相似，相似の位置と相似比①】

❶ 右の図で，四角形 ABCD∽四角形 EFGH です。次の問いに答えなさい。

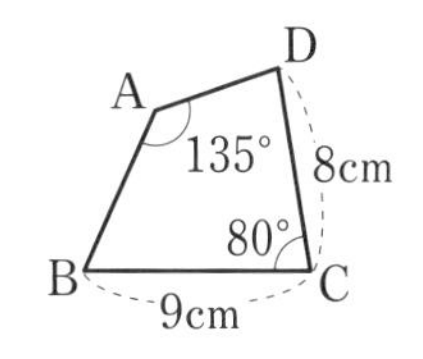

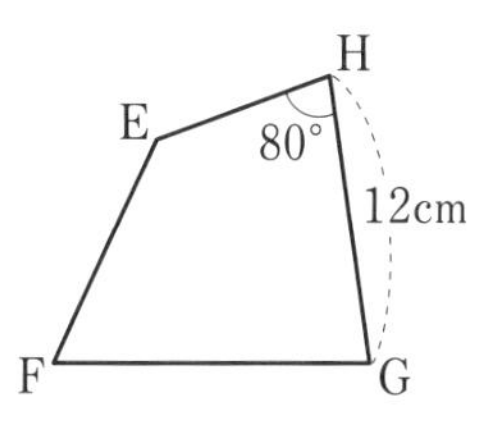

□(1) 辺 AB に対応する辺を答えなさい。

(　　　　　)

□(2) ∠F の大きさを求めなさい。

(　　　　　)

□(3) 相似比を求めなさい。

(　　　　　)

【相似の位置と相似比②】

❷ 下の図に，△ABC を，点 O を相似の中心として 2 倍に拡大した △A′B′C′ をそれぞれかきなさい。

□(1)

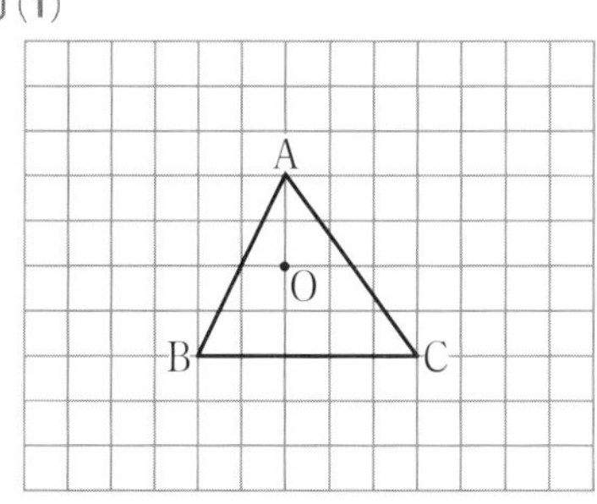

□(2)

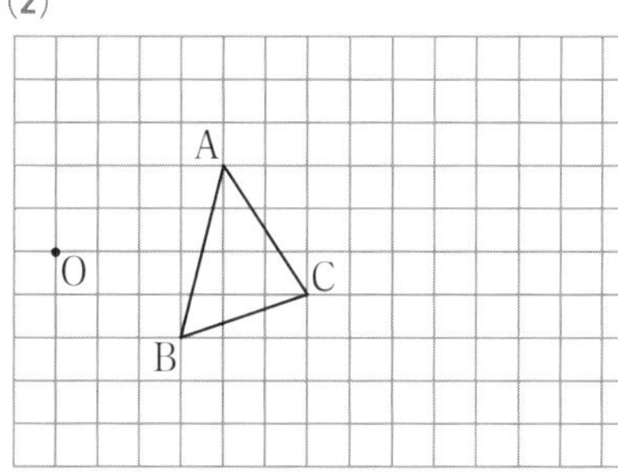

【相似な図形の性質の活用①】

❸ □ 右の図で，△ABD∽△CBA です。x，y の値をそれぞれ求めなさい。

x=(　　　　　)

y=(　　　　　)

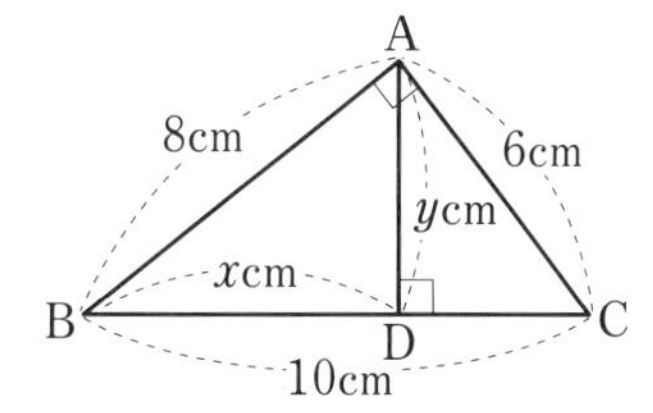

【相似な図形の性質の活用②】

❹ □ ある時刻にポールの影(かげ)の長さは，3.3 m でした。このとき，高さ 1 m の棒の影の長さは 0.6 m でした。ポールの高さを求めなさい。

(　　　　　)

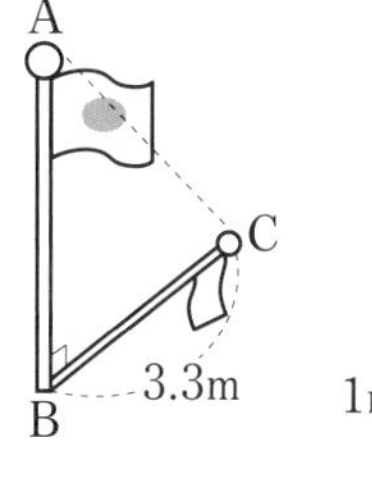

ヒント

❶
(3)対応する辺の長さの比が，相似比です。

❷
△ABC と △A′B′C′ の 2 つの図形の対応する点がすべて点 O を通る直線上にあります。O から対応する点までの長さの比が 1：2 となるように，点 A′，B′，C′ をとります。

❸
対応する辺で，数値がわかっているのは，
AB：CB=8：10
これをもとにして比の性質を利用します。

❹
実際の棒，ポールの長さとそれぞれの影の長さの比は等しいから，
△ABC∽△LMN

5章

よく出る

【三角形の相似条件】

5 □ 次の図で，相似な三角形の組をすべて選び出し，記号∽を使って表しなさい。また，その相似条件を答えなさい。

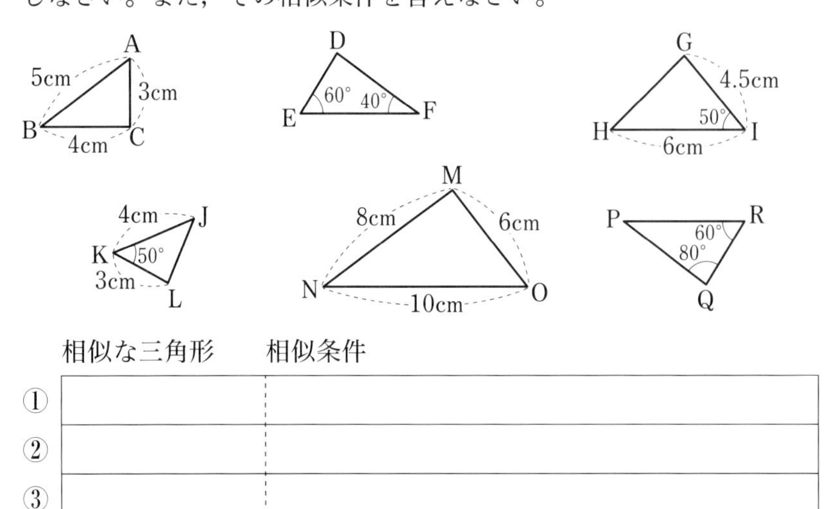

	相似な三角形	相似条件
①		
②		
③		

ヒント

5
相似条件は，
- 3組の辺の比がすべて等しい。
- 2組の辺の比とその間の角がそれぞれ等しい。
- 2組の角がそれぞれ等しい。

ミスに注意
記号∽を使うときは，対応する頂点の順にかきましょう。

【相似の証明①】

よく出る

6 □ 右の図は，直角三角形ABCの辺BC上の点Dから，辺ABに垂線DEをひいたものです。このとき，△ABC∽△DBEであることを証明しなさい。

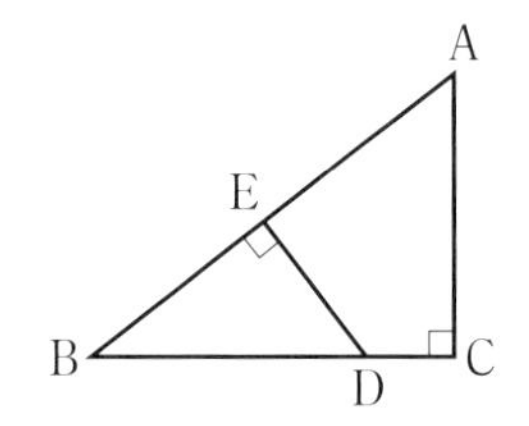

6
まず，どの相似条件にあてはまるのかを考えます。

ミスに注意
対応する頂点をまちがえないように，2つの三角形を取り出しておきかえてみましょう。

【相似の証明②】

7 □ 右の図で，△ABC∽△AEDであることを証明しなさい。

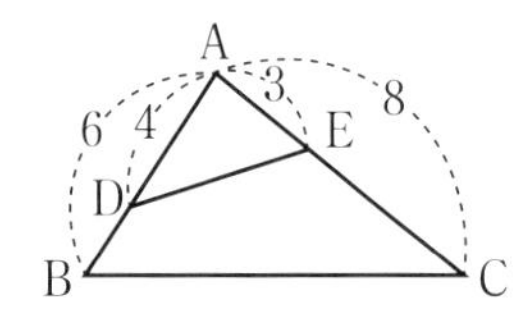

7
対応する辺の長さの比が等しいかどうか調べます。また，共通な角を見つけます。

【縮図の活用】

8 □ 右の図のような池の両端にある2地点A，B間のおよその距離を，縮尺 $\frac{1}{1000}$ の縮図をかいて求めなさい。

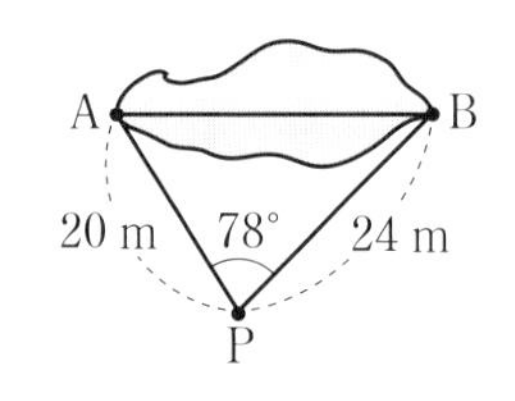

(　　　　　)

8
縮尺 $\frac{1}{1000}$ の縮図で，20 mは2 cmです。

[解答▶p.16]

Step 1 基本チェック　2節 平行線と線分の比

15分

教科書のたしかめ　[ ]に入るものを答えよう！

❶ 三角形と線分の比①　▶ 教 p.138-139　Step 2 ❶

解答欄

□(1) 右の図で，DE∥BC ならば，

AD：[AB]＝DE：BC

8：[12]＝x：15

x＝[10]

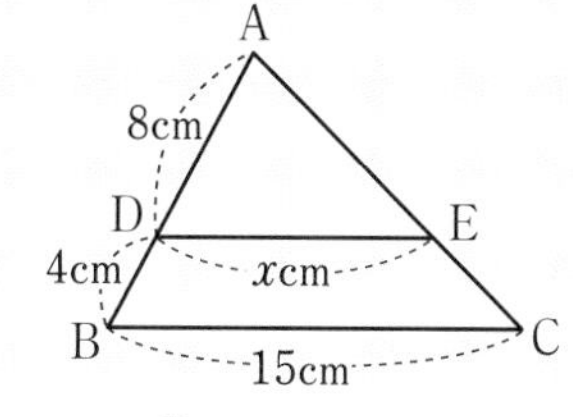

(1)

❷ 三角形と線分の比②　▶ 教 p.140-141　Step 2 ❷

□(2) 右上の図で，AE＝9 cm，EC＝4.5 cm のとき，

AD：DB＝AE：EC＝[2]：1 だから，DE∥[BC]

(2)

❸ 平行線と線分の比　▶ 教 p.142-143　Step 2 ❸-❺

□(3) 右の図で，直線 a，b，c が平行ならば，12：3＝8：x，x＝[2]

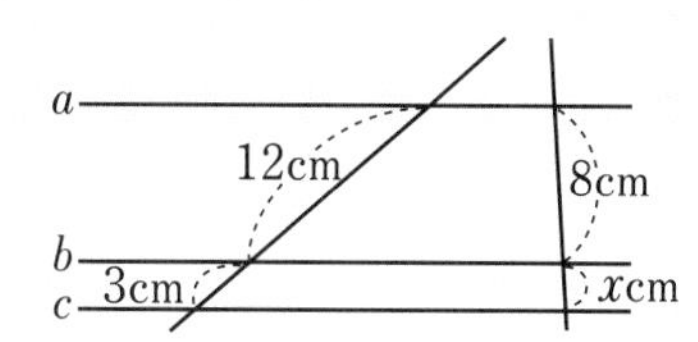

(3)

❹ 中点連結定理　▶ 教 p.144-145　Step 2 ❻-❽

□(4) 右の三角形 ABC で，

AM＝MB，AN＝NC であるとき，

MN[∥]BC，MN＝$\left[\frac{1}{2}\right]$BC

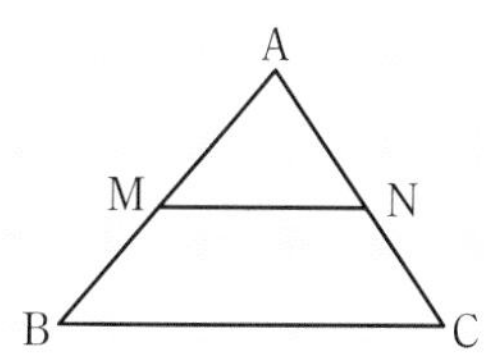

(4)

□(5) 右の図の辺 BC，CA，AB の中点をそれぞれ D，E，F とするとき，△DEF の周の長さを求めなさい。

DE＋EF＋FD＝5＋$\left[\frac{9}{2}\right]$＋[4]＝$\left[\frac{27}{2}\right]$

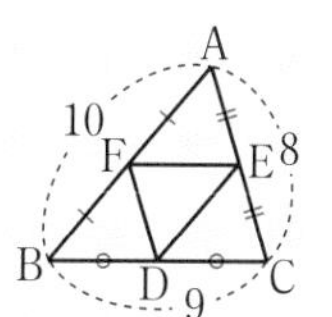

(5)

教科書のまとめ　___に入るものを答えよう！

□右の図で，

1 DE∥BC ならば，AD：AB＝AE：AC＝DE：BC

2 DE∥BC ならば，AD：DB＝AE：EC

3 AD：AB＝AE：AC ならば，DE∥BC

4 AD：DB＝AE：EC ならば，DE∥BC

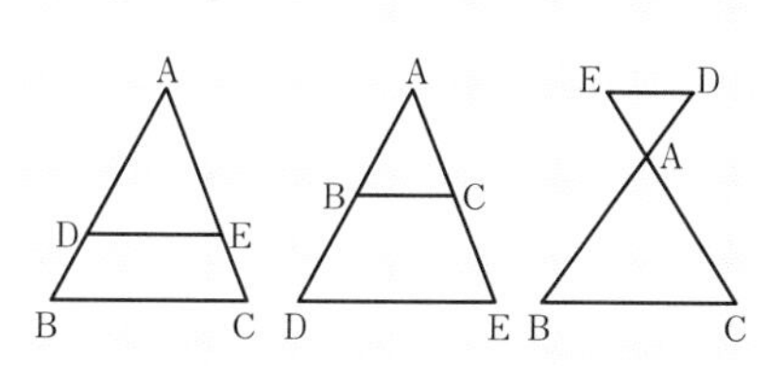

□いくつかの平行線に 2 直線が交わるとき，2 直線は平行線によって等しい比に分けられる。$p：q＝p'：q'$

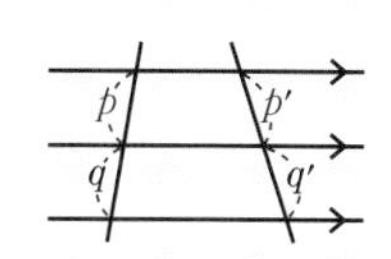

□三角形の 2 辺の中点を結ぶ線分は，残りの辺に平行で，長さはその半分である。これを中点連結定理という。

Step 2 予想問題　2節 平行線と線分の比

1ページ 30分

【三角形と線分の比①】

よく出る

❶ 次の図で，BC∥PQ のとき，x，y の値を求めなさい。

□(1)

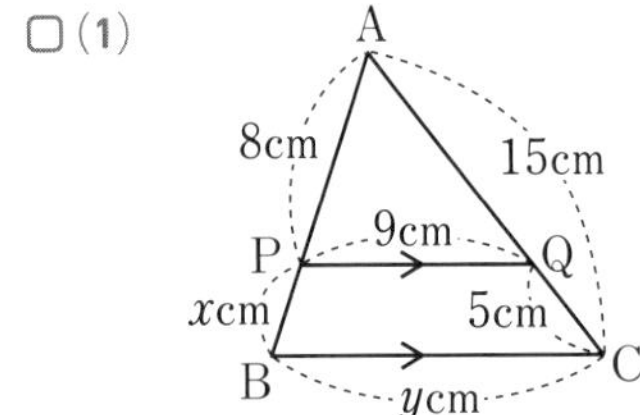

$x=($　　　　$)$，$y=($　　　　$)$

□(2)

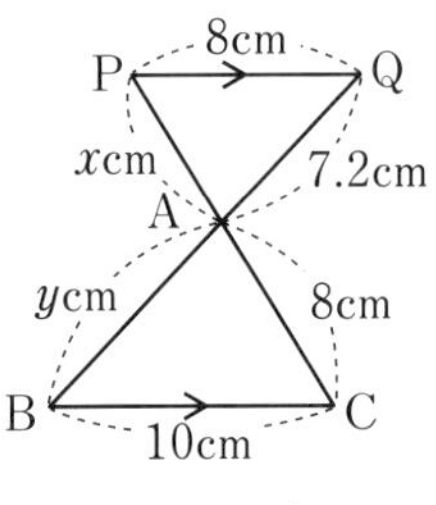

$x=($　　　　$)$，$y=($　　　　$)$

【三角形と線分の比②】

点UP

❷ 右の図で，線分 DE，EF，FD のうち，△ABC の辺に平行なものはどれですか。記号∥を使って表し，その理由を説明しなさい。

□

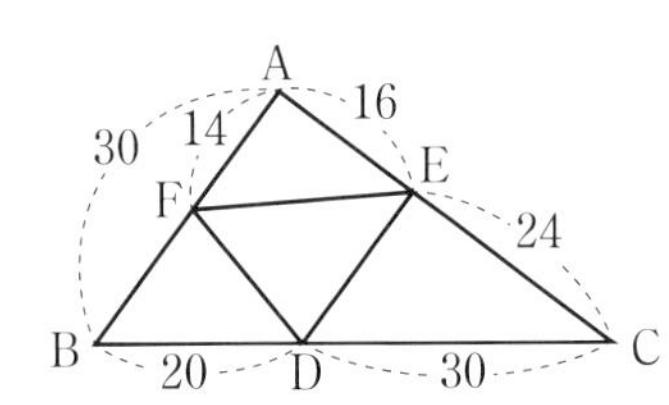

【平行線と線分の比①】

よく出る

❸ 次の図で，直線 ℓ，m，n は平行です。x，y の値を求めなさい。

□(1)

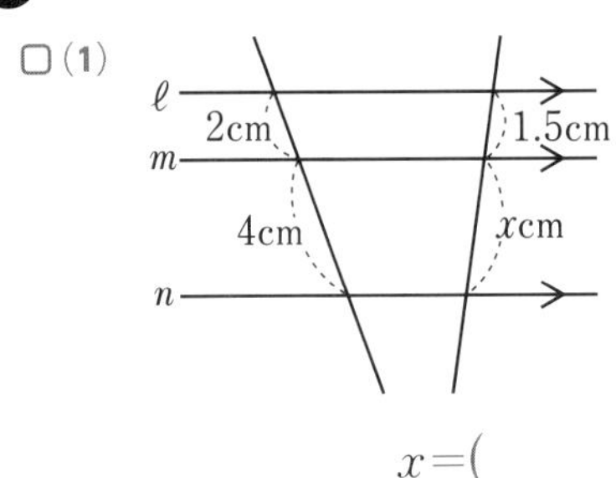

$x=($　　　　$)$

□(2)

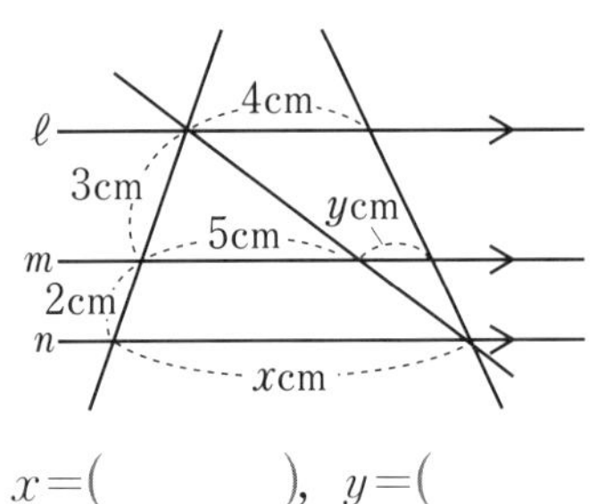

$x=($　　　　$)$，$y=($　　　　$)$

【平行線と線分の比②】

❹ △ABC の ∠A の二等分線と辺 BC との交点を D とし，点 C を通り，辺 AB に平行な直線と線分 AD の延長との交点を E とするとき，AB：AC＝BD：DC であることを証明しなさい。

□

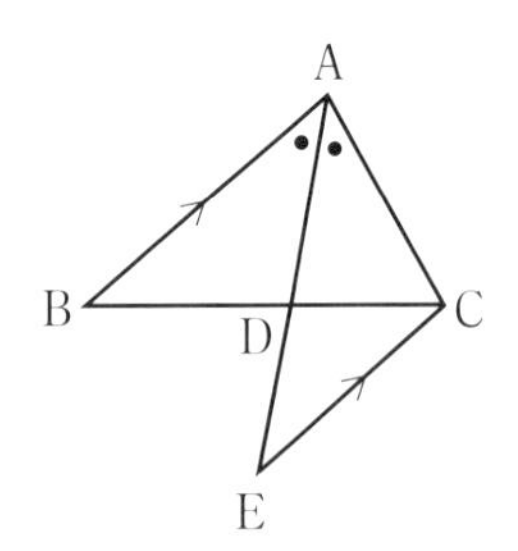

ヒント

❶
(1) AQ：QC をもとにします。

ミスに注意
PQ：BC＝AQ：QC としないように注意しましょう。

(2) PQ：CB をもとにします。

❷
AF：AB
＝AE：AC
または，
AF：FB
＝AE：EC がいえるとすると，FE∥BC がいえます。

❸
平行線と線分の比の定理を使います。

ミスに注意
2直線が交わっていても，同じように考えることができます。

❹
平行線の性質を使って，△CAE が二等辺三角形であることがいえます。これより，結論を導きます。

[解答▶p.17]

【平行線と線分の比③】

5 次の図で，AD が ∠A の二等分線であるとき，x の値を求めなさい。

□(1) □(2)

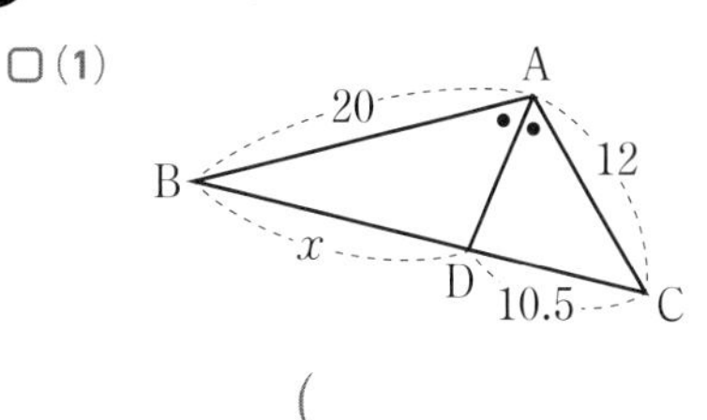

(1)（　　　　）　(2)（　　　　）

ヒント

5
4で証明したことがらを使って求めます。

【中点連結定理①】

6 □ 右の図は，△ABC の辺 AB を 3 等分する点を D，E とし，辺 AC の中点を F，辺 BC の延長と線分 DF の延長との交点を G としたものです。
DF＝3 cm のとき，線分 EC，DG の長さを求めなさい。

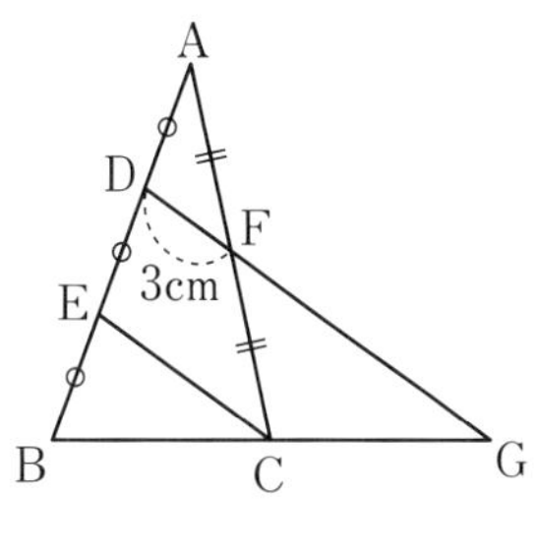

EC＝（　　　　）
DG＝（　　　　）

6
△AEC と △BDG で中点連結定理が使えます。

ミスに注意
対象となる三角形がわかりにくいときは，外へ取り出してその三角形だけをかき表してみましょう。

【中点連結定理②】

7 □ 右の図の △ABC において，点 E，F はそれぞれ辺 AB，AC の中点で，BD：DC＝2：1 です。また，点 G は線分 EC と FD との交点で，CG＝4 cm です。このとき，線分 EG の長さを求めなさい。

（　　　　）

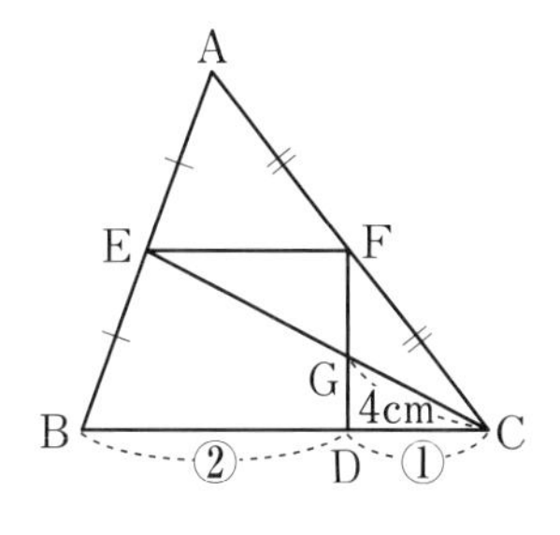

7
中点連結定理をもとに，EF：CD を求めます。

テスト得ダネ
中点連結定理などの平行線を利用する問題は，相似で最も出題される分野です。

【中点連結定理③】

8 □ AB＝DC の四角形 ABCD で，辺 AD，BC，対角線 BD の中点をそれぞれ P，Q，R とするとき，△PQR は二等辺三角形であることを証明しなさい。

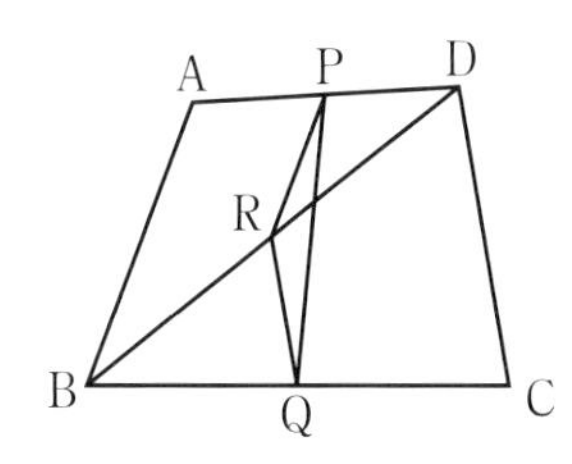

8
△ABD と △BCD で，中点連結定理を使います。
△PQR は，仮定から，2 辺が等しい三角形であることを導きます。

Step 1 基本チェック　3節 相似な図形の面積比と体積比

15分

教科書のたしかめ　[ ]に入るものを答えよう！

❶ 相似な図形の面積比

▶ 教 p.147-149　Step 2 ❶

解答欄

※ △ABC∽△A′B′C′ で，AB＝9 cm，A′B′＝6 cm です。

□ (1)　△ABC と △A′B′C′ の相似比は，[3]：[2]　　(1)

□ (2)　△ABC と △A′B′C′ の面積比は，相似比の 2 乗だから，
[9]：[4]　　(2)

□ (3)　△ABC の面積が 36 cm^2 のときの △A′B′C′ の面積を x cm^2 とすると，36：x＝[9]：[4]，x＝[16]　　(3)

❷ 相似な立体の表面積の比と体積比

▶ 教 p.150-152　Step 2 ❷❸

※円錐(すい)を右の図のように，高さの上から $\frac{1}{2}$ の所で，底面に平行な平面で切ります。
上の円錐を A，下の立体を B とします。

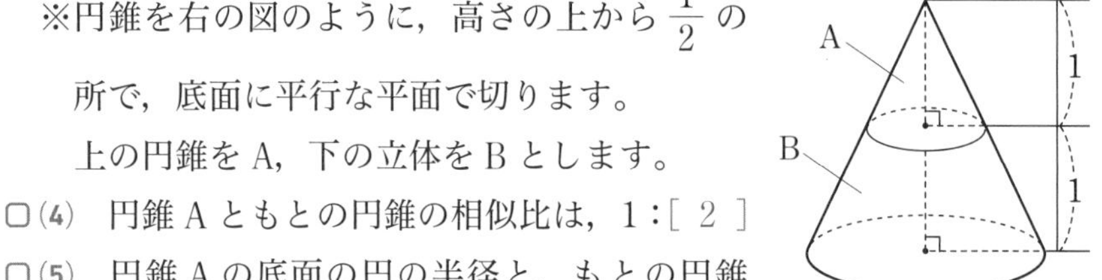

□ (4)　円錐 A ともとの円錐の相似比は，1：[2]　　(4)

□ (5)　円錐 A の底面の円の半径と，もとの円錐の底面の円の半径の比は，1：[2]　　(5)

□ (6)　円錐 A の側面のおうぎ形と，もとの円錐の側面のおうぎ形の面積比は，1：[4]　　(6)

□ (7)　円錐 A の側面と，立体 B の側面の面積比は，
1：([4]−1)＝1：[3]　　(7)

□ (8)　円錐 A ともとの円錐の体積比は，相似比の[3 乗]だから，
1：[8]　　(8)

□ (9)　円錐 A と立体 B の体積比は，1：([8]−1)＝1：[7]　　(9)

❸ 相似な図形の面積比と体積比の活用

▶ 教 p.153　Step 2 ❹

教科書のまとめ　＿＿に入るものを答えよう！

□ 相似な図形の面積比は，相似比の 2 乗 に等しい。
相似比が m：n ならば，面積比は m^2 ： n^2 である。

□ 相似な立体の表面積の比は，相似比の 2 乗 に等しい。
相似比が m：n ならば，表面積の比は m^2 ： n^2 である。

□ 相似な立体の体積比は，相似比の 3 乗 に等しい。
相似比が m：n ならば，体積比は m^3 ： n^3 である。

Step 2 予想問題　3節 相似な図形の面積比と体積比

1ページ 30分

【相似な図形の面積比】

よく出る

❶ △ABC を BC に平行な直線 ℓ で，右の図のように分割しました。AD：DB＝3：2 のとき，次の問いに答えなさい。

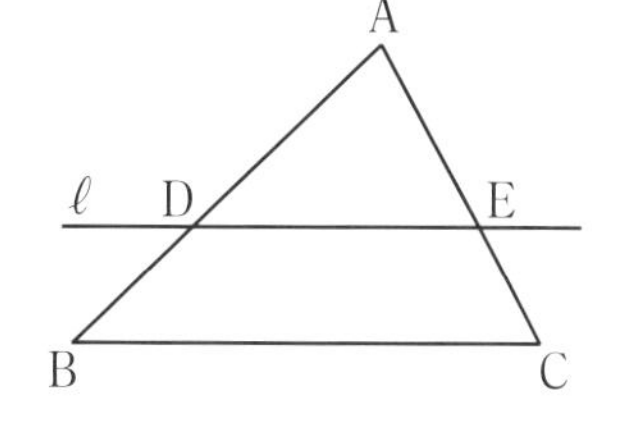

□(1) 次の面積比を，最も簡単な整数の比で求めなさい。

① △ADE：△ABC　(　　　　)

② △ADE：台形 DBCE　(　　　　)

□(2) △ABC の面積が 50 cm^2 のとき，△ADE，台形 DBCE の面積を求めなさい。

△ADE (　　　　)　台形 DBCE (　　　　)

【相似な立体の表面積の比と体積比①】

❷ 相似な 2 つの円柱 P，Q があり，その高さはそれぞれ 9 cm，15 cm です。

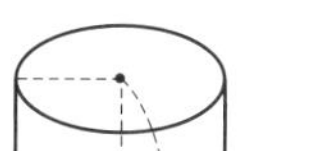

□(1) P と Q の表面積の比を求めなさい。(　　　　)

□(2) P と Q の体積比を求めなさい。(　　　　)

【相似な立体の表面積の比と体積比②】

点UP

❸ 円錐を右の図のように，高さを 3 等分し，底面に平行な平面で切ります。次の比を求めなさい。

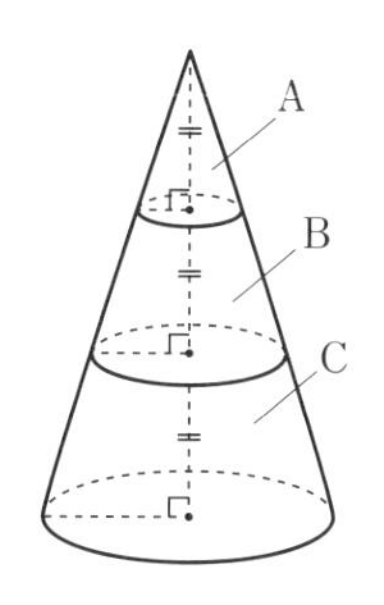

□(1) A，B の側面積の比　(　　　　)

□(2) A，C の体積比　(　　　　)

【相似な図形の面積比と体積比の活用】

❹ □ 相似な直方体の形をした大小 2 種類のカステラが売られています。カステラの横の長さを比べると，大は小の 1.6 倍でした。1 個の値段は，大が 1000 円，小が 250 円です。大のカステラを 1 個買うのと，小のカステラを 4 個買うのとでは，どちらが割安ですか。

(　　　　)

ヒント

❶ (1) AD：DB＝3：2 のとき，AD：AB＝3：5 となります。
また，直線 ℓ は BC に平行だから，
△ADE∽△ABC
となります。
台形 DBCE
＝△ABC－△ADE

❷ 円柱 P，Q の高さから，2 つの円柱の相似比を求めます。

❸ まず，A の円錐と，A＋B の円錐と，A＋B＋C の円錐で相似比を考えます。

❹ 同じ金額なので，どちらが多くの量（体積）を買えるかを考えます。

5章

Step 3 予想テスト

5章 相似な図形

30分　　/100点　目標 80点

1 右の図で，点 D は線分 BC 上の点であり，$\triangle ABD \backsim \triangle ACE$ です。次の問いに答えなさい。考

20点（(1)(3)各5点，(2)10点）

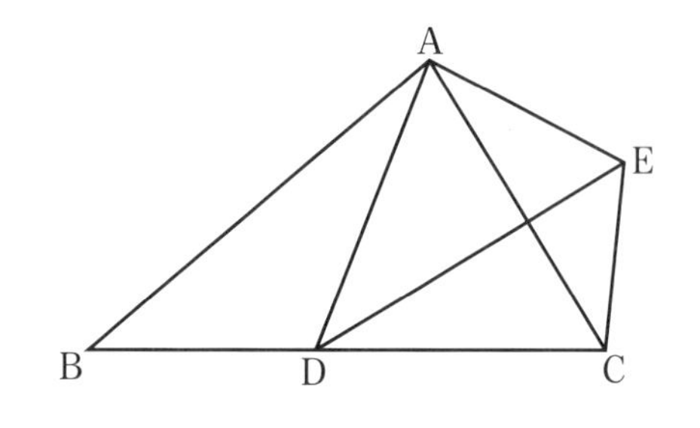

□(1) □にあてはまる記号をかきなさい。

AB：AC＝AD：□

□(2) $\triangle ABC \backsim \triangle ADE$ を証明しなさい。

□(3) $\angle CAE=30^\circ$ のとき，$\angle EDC$ の大きさを求めなさい。

2 右の地図は，縮尺 $\frac{1}{50000}$ です。A 地点には電波塔(とう)が立っています。B 地点，C 地点から電波塔までの実際の距離はそれぞれ約何 km ですか。知

14点（各7点）

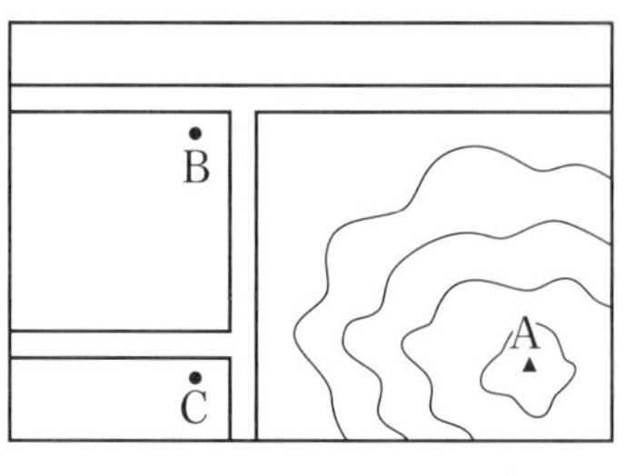

3 右の図で，$\ell /\!/ m$，AB＝6 cm，CD＝4 cm，DE＝2 cm のとき，線分 AE の長さを求めなさい。知

7点

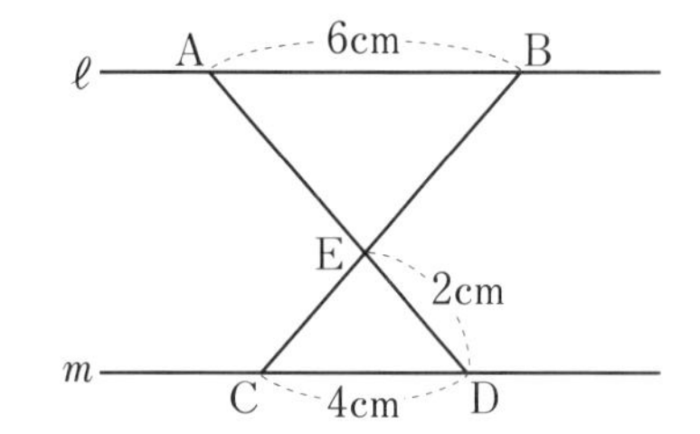

4 右の図は，AD∥BC で上底が 2 cm，下底が 5 cm の台形です。対角線 AC，BD の中点をそれぞれ P，Q とすると，PQ∥BC となります。線分 PQ の長さを求めなさい。知

7点

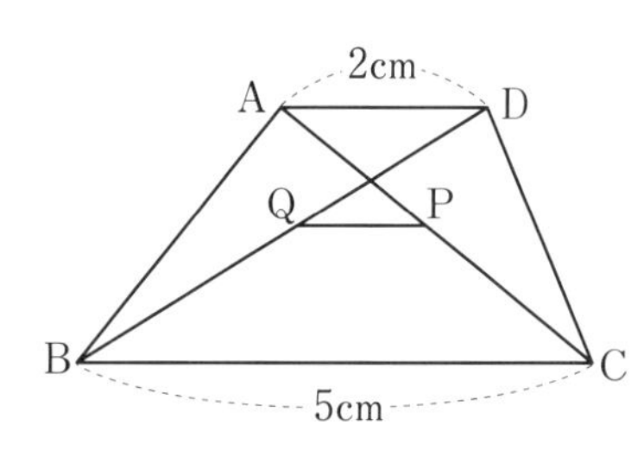

5 右の図のように，AC＝BC＝9 cm，$\angle BAC=68^\circ$ の $\triangle ABC$ があります。辺 BC 上に BD＝2DC となるように点 D をとります。次に辺 AB の中点を E とし，2点 A，D を結ぶ線分 AD の中点を F とします。知

21点（各7点）

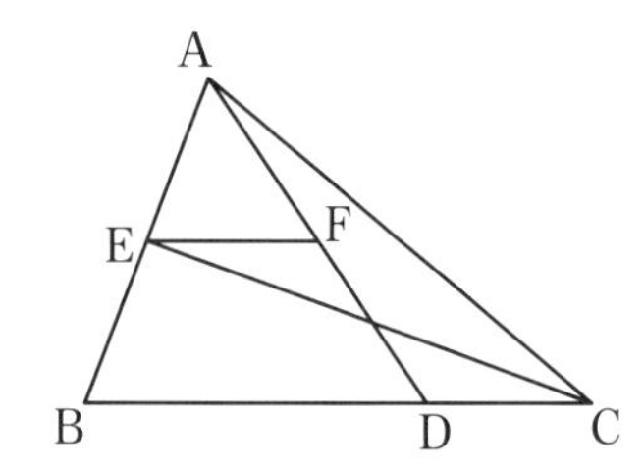

□(1) 2点 E，F を結ぶ線分 EF の長さを求めなさい。

□(2) 2点 C，E を結んだとき，$\angle CEF$ の大きさを求めなさい。

□(3) $\triangle AEF$ と四角形 EBDF の面積比を求めなさい。

6 右の図において，AD：DB＝1：2，DE∥BC，F は線分 BE と CD との交点です。△ADE の面積を 10 cm² として，△FBC の面積を求めなさい。知　7 点

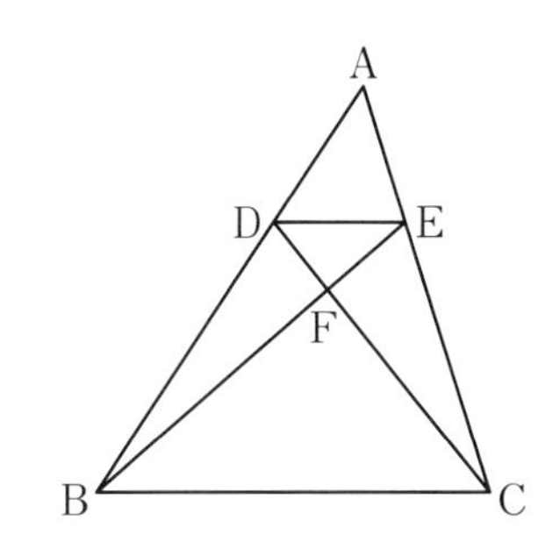

7 **右の図で，四角錐 OABCD の体積は 324 cm³，高さは 12 cm であり，2 点 P，Q は辺 OA 上の点で，OP＝PQ＝QA です。このとき，次の問いに答えなさい。** 考　24 点（各 8 点）

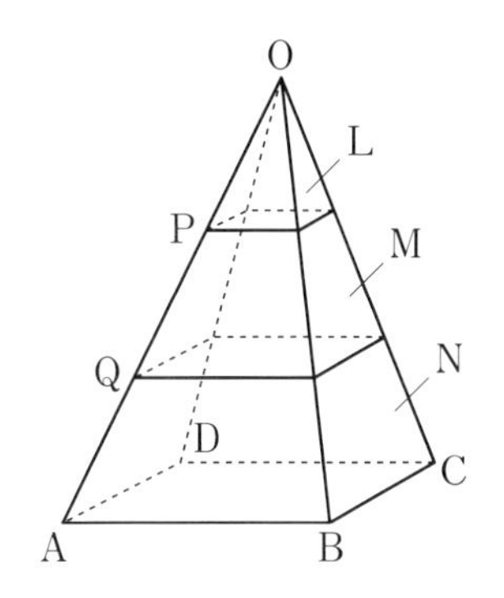

□(1)　底面 ABCD の面積を求めなさい。

点UP □(2)　点 P を通り底面 ABCD に平行な平面と，点 Q を通り同じく底面 ABCD に平行な平面とで，この四角錐 OABCD を切り，図のように 3 つの立体 L，M，N に分けました。

①　立体 L の底面積を求めなさい。

②　立体 M の体積を求めなさい。

1	(1)		
	(2)（証明）		
	(3)		
2	B 地点	C 地点	
3			
4			
5	(1)	(2)	(3)
6			
7	(1)	(2) ①	②

5章

Step 1 基本チェック　1節 円周角と中心角

15分

教科書のたしかめ　[　]に入るものを答えよう！

❶ 円周角の定理　▶ 教 p.160-163　Step 2 ❶❷

解答欄

□(1) 右の図で，∠AOB＝60° のとき，
∠APB＝∠AP′B＝∠[AP″B]＝[30°]

(1)

□(2) ∠APB＝80° のとき，∠AOB＝[160°]

(2)

❷ 弧と中心角，円周角　▶ 教 p.164-165　Step 2 ❸❹

□(3) 右の図で，$\overset{\frown}{AB}=\overset{\frown}{BC}=\overset{\frown}{CD}$ であるとき，
∠APB＝∠[BQC (BPC)]＝∠[CRD]

(3)

□(4) ∠PBQ＝∠ACP のとき，$\overset{\frown}{PQ}$＝[$\overset{\frown}{AP}$]

(4)

❸ 円周角の定理の逆　▶ 教 p.166-167　Step 2 ❺❻

□(5) 右の図で，4点 A，B，C，D が1つの円周上にあるのは，[㋑]です。

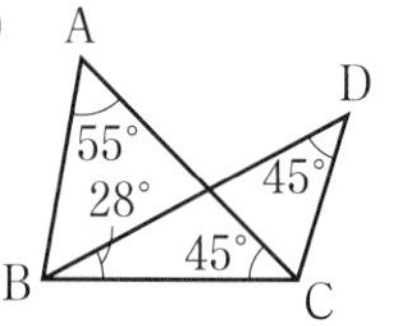

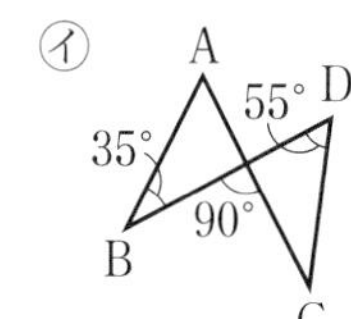

(5)

❹ 円の接線　▶ 教 p.168-169　Step 2 ❼

□(6) △ABC の各辺に円 O が点 P，Q，R で接しているとき，AP＝[AR]，
BP＝[BQ]，CQ＝[CR]です。

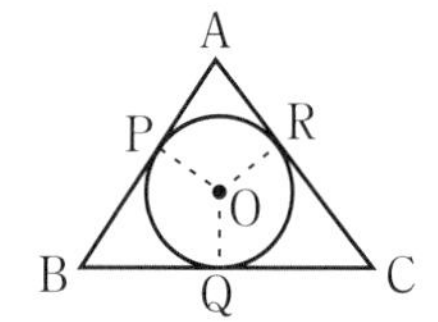

(6)

❺ 円周角のいろいろな問題　▶ 教 p.170-171　Step 2 ❽-❿

□(7) 円に弦(げん) AB，CD を交わるようにひき，その交点を P とするとき，△ACP と △DBP は，
[2組の角]がそれぞれ等しいから，
△ACP[∽]△DBP となります。

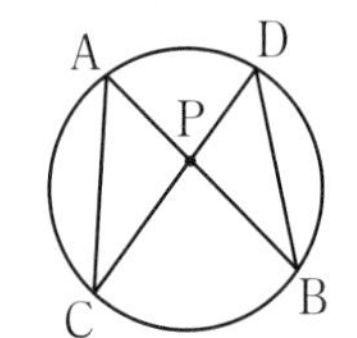

(7)

教科書のまとめ　＿＿に入るものを答えよう！

□円 O において，$\overset{\frown}{AB}$ を除いた円周上に点 P をとるとき，∠APB を $\overset{\frown}{AB}$ に対する 円周角 といい，$\overset{\frown}{AB}$ を円周角 ∠APB に対する 弧 といいます。

□**円周角の定理**…右の図で，∠APB＝∠ AQB ＝$\frac{1}{2}$∠ AOB

□ 1つの円で，等しい弧(こ)に対する 円周角 は等しく，等しい円周角に対する 弧 は等しい。

□**円周角の定理の逆**…右上の図のように，2点 P，Q が直線 AB について 同じ 側にあって，∠APB＝∠ AQB ならば，4点 A，B，P，Q は1つの円周上にある。

Step 2 予想問題　1節 円周角と中心角

1ページ 30分

【円周角の定理①】

よく出る

❶ 次の図で，$\angle x$ の大きさを求めなさい。

□(1)

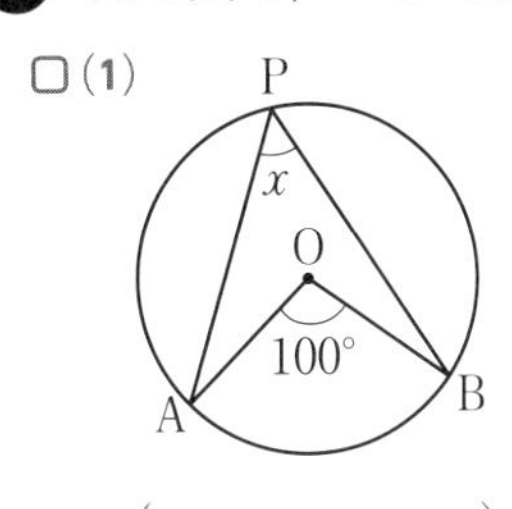

(　　　　)

□(2)

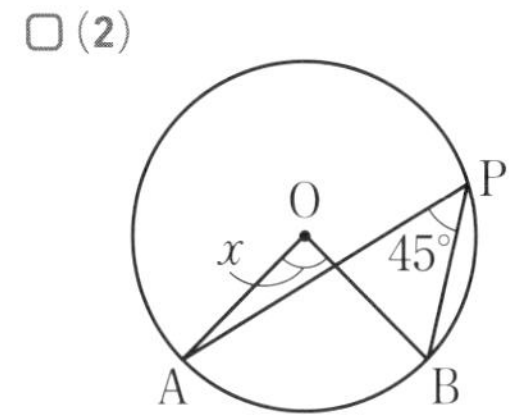

(　　　　)

□(3)

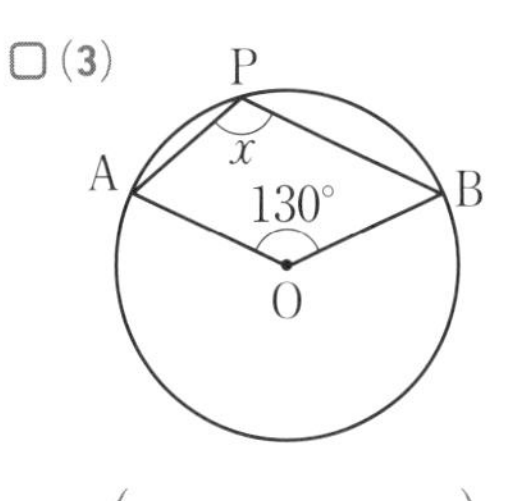

(　　　　)

□(4)

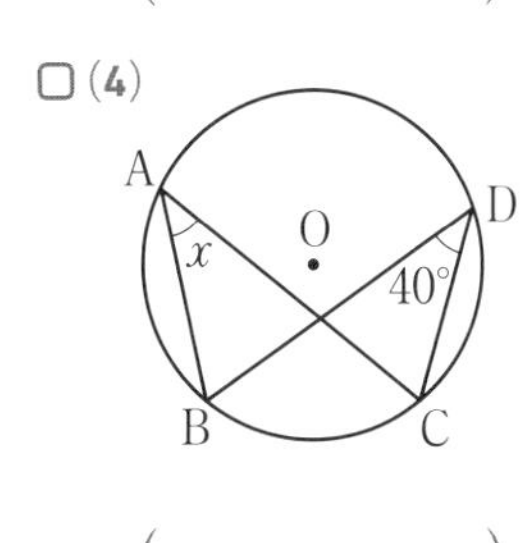

(　　　　)

□(5)

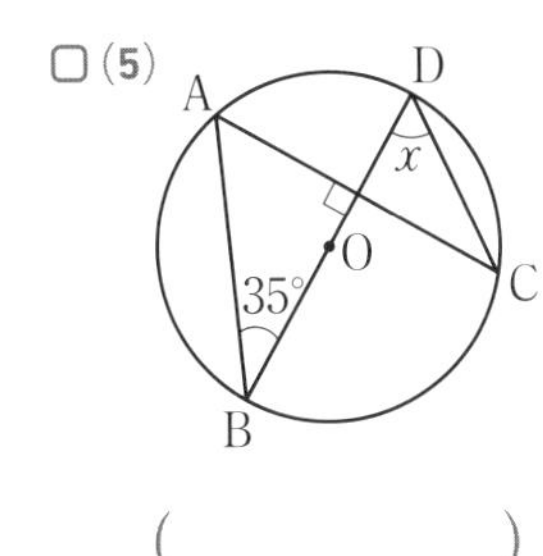

(　　　　)

□(6)

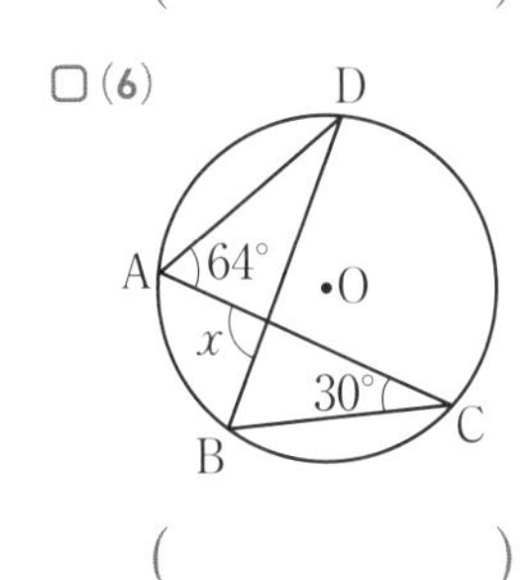

(　　　　)

【円周角の定理②】

❷ 右の図のように，円 O の円周上に点 A，B，C，D，E があります。次の問いに答えなさい。

□(1) 点 E を通る $\overset{\frown}{AD}$ に対する円周角をすべて答えなさい。

(　　　　)

□(2) $\angle BOC=70^\circ$，$\angle EOB=170^\circ$ のとき，$\angle CDE$ の大きさを求めなさい。

(　　　　)

【弧と中心角，円周角①】

❸ 次の図で，x の値を求めなさい。

□(1)　□(2)　□(3)

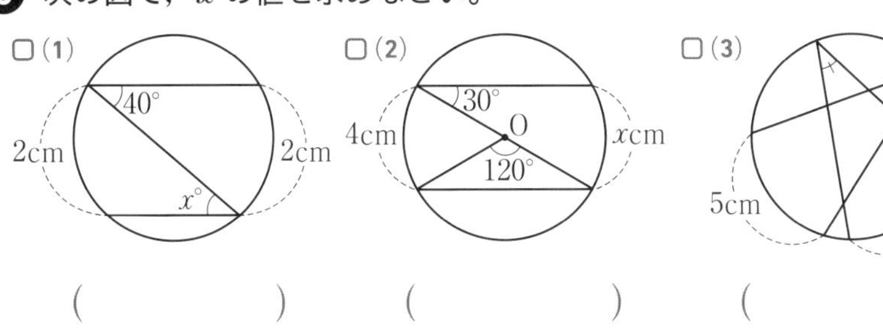

(　　　　)　(　　　　)　(　　　　)

ヒント

❶
円周角の定理を使います。
(5)，(6)三角形の内角，外角の性質も使います。

テスト得ダネ
円周角の定理を使う問題はよく出ます。中心角とその円周角を正しく理解しておきましょう。

❷
(1)点 E を通る $\overset{\frown}{AD}$ に対する円周角は，2つあります。

❸
円周角と弧の定理を使います。

6章

【弧と中心角，円周角②】

点UP

❹ 右の図で，4点A，B，C，Dは円Oの円周上にあって，線分ACは直径です。$\angle ACB=30^\circ$，$\angle CAD=40^\circ$ のとき，次の問いに答えなさい。

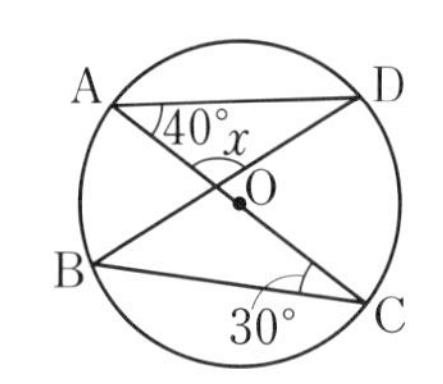

□(1)　$\angle x$ の大きさを求めなさい。

（　　　　　）

□(2)　円周を点A，B，C，Dで4つの弧に分けるとき，$\overset{\frown}{AB}:\overset{\frown}{BC}$，$\overset{\frown}{AB}:\overset{\frown}{DA}$ を最も簡単な整数の比で表しなさい。

$\overset{\frown}{AB}:\overset{\frown}{BC}=$（　　　　　）　$\overset{\frown}{AB}:\overset{\frown}{DA}=$（　　　　　）

ヒント

❹

(2)それぞれの弧に対する円周角を求めます。円周角の大きさの比が，弧の長さの比になります。
半円の弧に対する円周角は直角だから，$\angle ADC=90^\circ$ です。

【円周角の定理の逆①】

❺ □ 次の図で，4点A，B，C，Dが1つの円周上にあるものをすべて選び，記号で答えなさい。

ア

A　D　54°　53°　B　C

イ

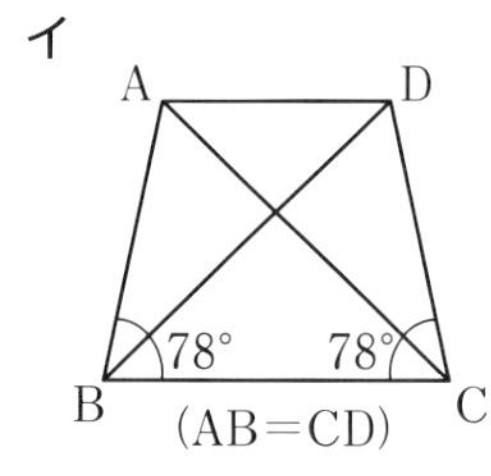

ウ

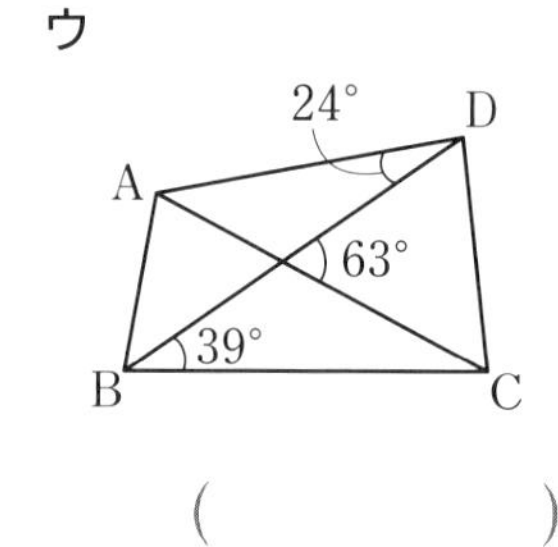

（　　　　　）

❺

共通な辺をもつ2つの三角形に目をつけます。共通な辺と同じ側にある2つの角が等しければ，4点は1つの円周上にあります。

【円周角の定理の逆②】

❻ □ 地点Aで交わる2本の道路 s，t があり，s 上にはAからそれぞれ60 m，80 m離れた地点B，Cがあります。Aを出発して t 上を歩く人が，Aから48 m離れた地点Pにきたとき，$\angle BPC=18^\circ$，その後地点Qにきたとき，$\angle BQC=18^\circ$ でした。このとき，4地点B，P，Q，Cが1つの円周上にあることを証明しなさい。また，AQの長さを求めなさい。

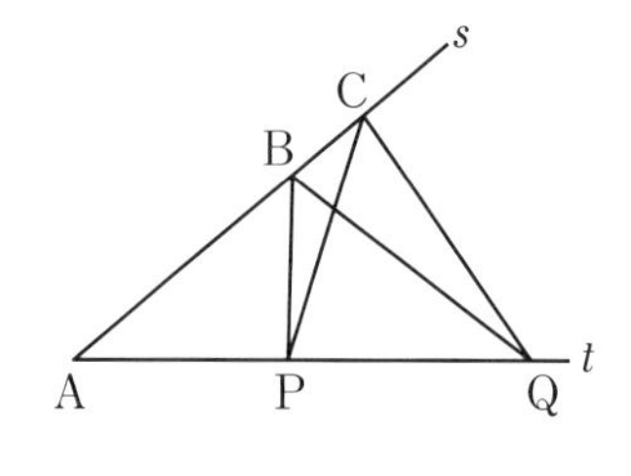

AQの長さ（　　　　　）

❻

4地点B，P，Q，Cが1つの円周上にあることから，相似な2つの三角形に着目してAQの長さを求めます。

テスト得ダネ

まず，4点が1つの円周上にあることがわかれば，円周角の定理が使えます。

[解答▶p.22-23]

ヒント

【円の接線】

7 右の図で，点Aを通る円Oの接線を作図しなさい。

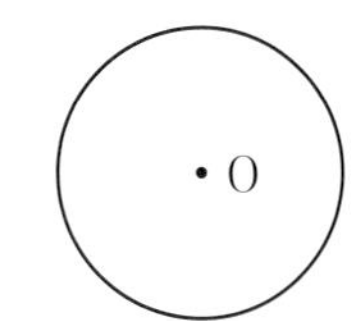

7 円の接線は，接点を通る半径に垂直であることを使います。

【円周角のいろいろな問題①】

よく出る

8 **右の図のように，円に2つの弦AB，CDをひき，これらを延長した直線の交点をPとするとき，次の問いに答えなさい。**

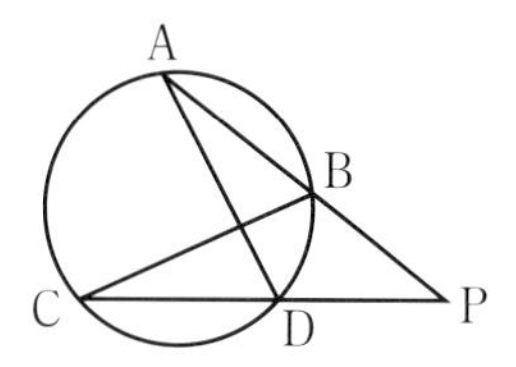

(1) △ADP∽△CBPであることを証明しなさい。

(2) AB＝13 cm，BP＝12 cm，CD＝20 cm のとき，DPの長さを求めなさい。

(　　　　　)

8 (1)円周角の定理を使って，2組の角がそれぞれ等しいことをいいます。

【円周角のいろいろな問題②】

点UP

9 右の図のように，円に2つの弦AC，BDを交わるようにひき，その交点をEとします。ACが∠BADの二等分線であるとき，△ABC∽△BECであることを証明しなさい。

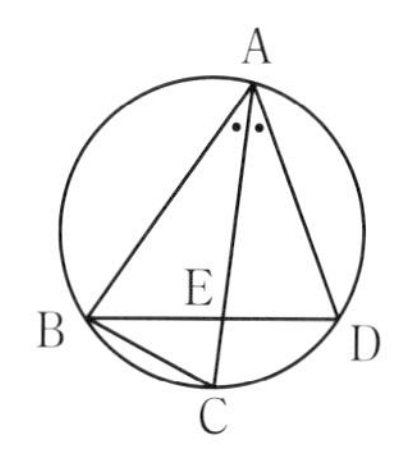

9 仮定と円周角の定理を使って証明します。

【円周角のいろいろな問題③】

10 右の図で，4点A，B，C，DはACを直径とする円Oの円周上の点です。また，AEはAから線分BDにひいた垂線です。

このとき，△ABC∽△AEDを証明しなさい。

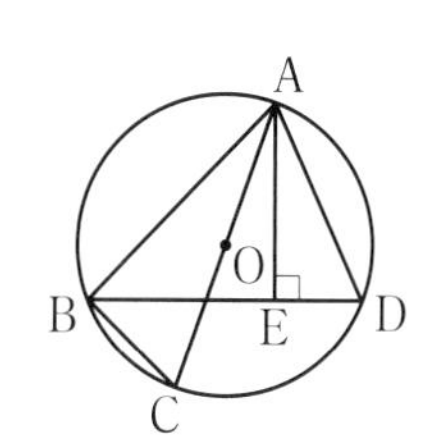

10 ACが直径であることから，∠ABC＝90°を使います。

テスト得ダネ

円周角の定理を利用した，合同や相似の証明はよく出題されます。合同条件や相似条件をもう一度確認しておきましょう。

Step 3 予想テスト　6章 円

30分　／100点　目標 80点

1 次の図で，$\angle x$ の大きさを求めなさい。知　　30点(各5点)

□(1)

□(2)

□(3)

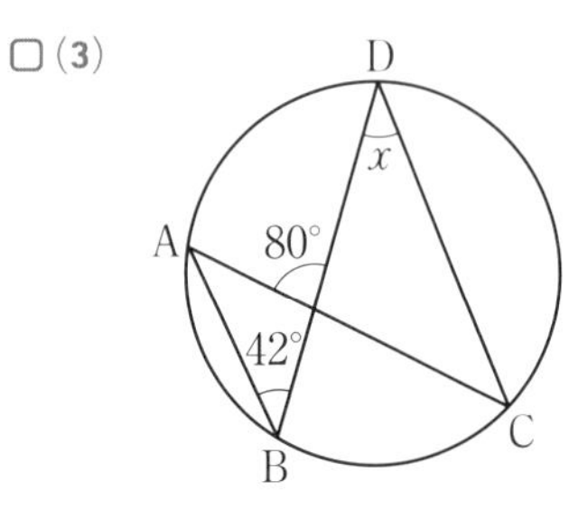

□(4)

□(5)

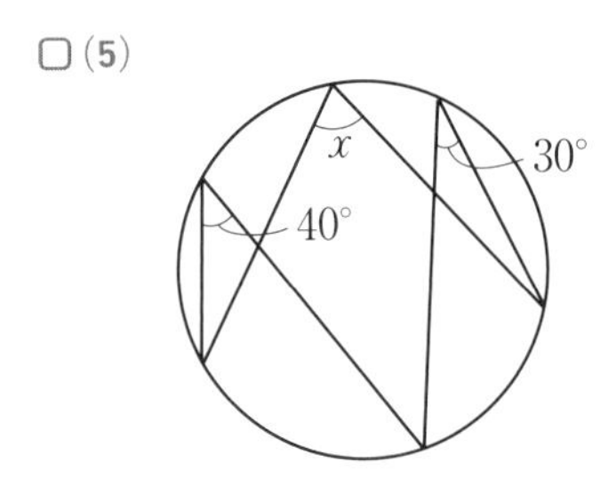

□(6)

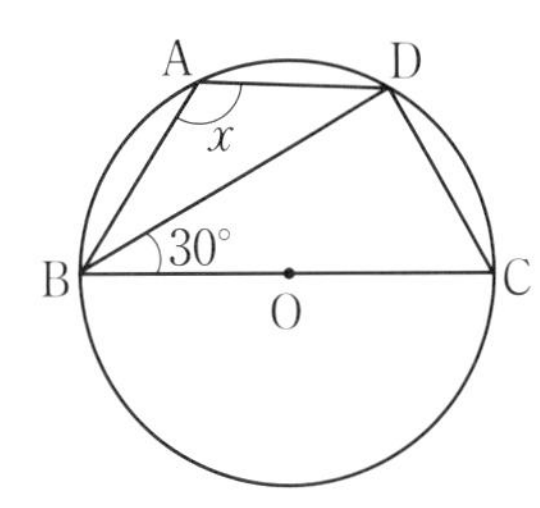

2 右の図で，A，B，C，D，E は，円周を 5 等分する点です。$\angle x$，$\angle y$，$\angle z$ の大きさを，それぞれ求めなさい。知　　15点(各5点)

□

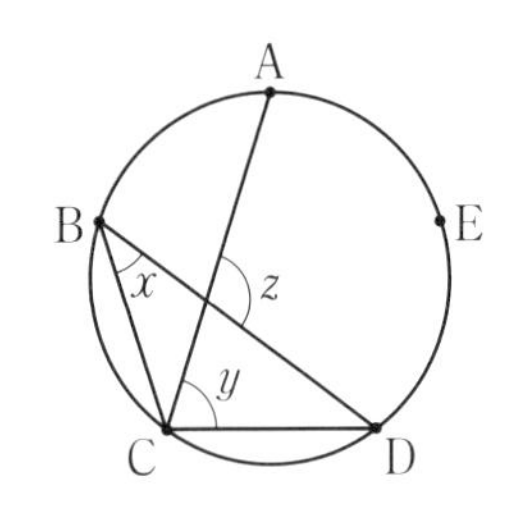

3 次の(1)〜(3)で，4点 A，B，C，D が1つの円周上にあるものには○，そうでないものには×をかきなさい。知　　12点(各4点)

□(1)

□(2)

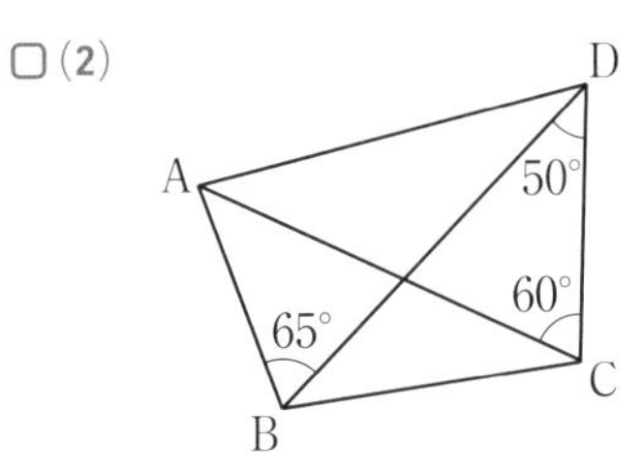

□(3)

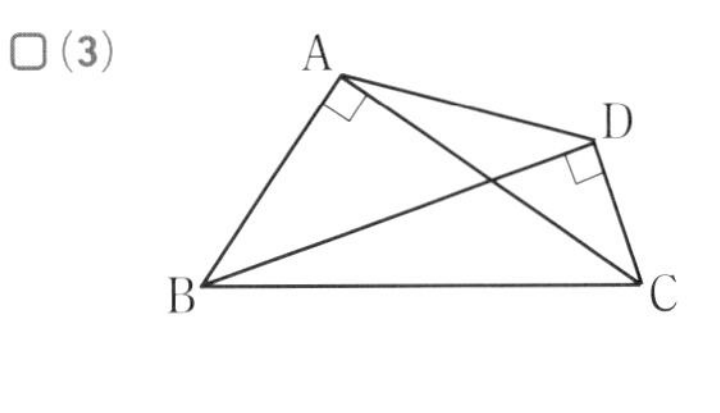

4 右の図のように，直線 ℓ と，ℓ 上にない 2 点 A，B があります。$\angle APB=90°$ となる直線 ℓ 上の点 P を 1 つ作図によって求めなさい。考　　6点

□

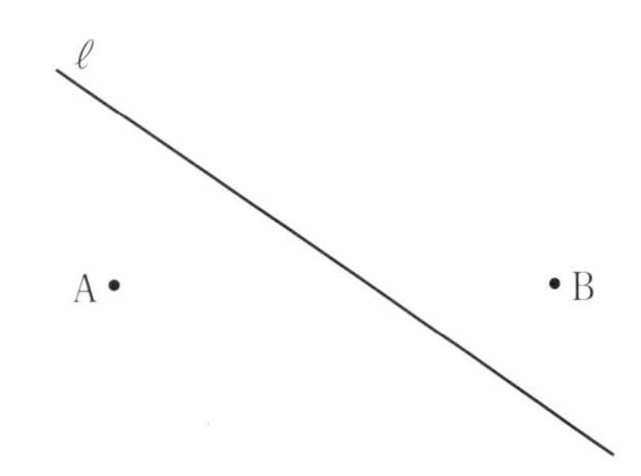

5 次の問いに答えなさい。知　　17点((1)各3点，(2)5点)

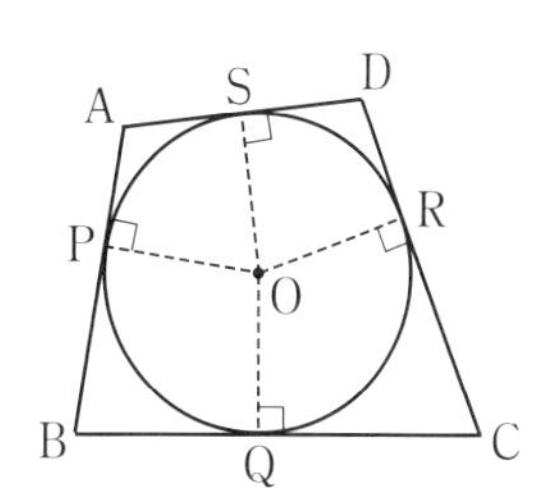

□(1)　右の図の四角形ABCDで，4つの辺が円Oに点P，Q，R，Sで接しています。線分AP，BP，CR，DRと長さが等しい線分をそれぞれ答えなさい。

□(2)　(1)で，線分PR，SRを結びます。∠PAS＝108°のとき，∠PRSの大きさを求めなさい。

点UP

6 右の図のように，2つの弦AB，CDの交点をPとします。

知 考　12点(各6点)

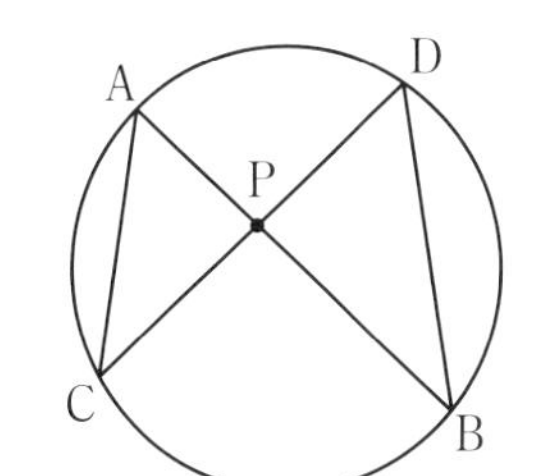

□(1)　相似な三角形を記号∽を使って表しなさい。

□(2)　AP＝5 cm，PC＝6 cm，PB＝8 cmのとき，PDの長さを求めなさい。

7 右の図のように，2つの円O，O′が2点A，Bで交わり，点Bを通る2つの直線と2つの円との交点をC，D，E，Fとします。このとき，△ACD∽△AEFであることを証明しなさい。考8点
□

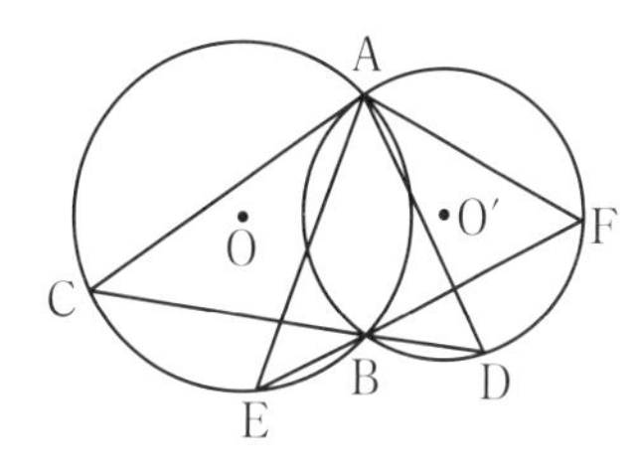

6章

1	(1)	(2)	(3)
	(4)	(5)	(6)
2	∠x	∠y	∠z
3	(1)	(2)	(3)

4	ℓ　A・　・B	**5**	(1)	AP　BP　CR　DR
			(2)	
		6	(1)	
			(2)	
7	(証明)			

Step 1 基本チェック　1節 三平方の定理　2節 三平方の定理の活用

15分

教科書のたしかめ　[ ]に入るものを答えよう！

1節 三平方の定理　▶ 教 p.178-183　Step 2 ❶-❸

解答欄

□(1) 右の図の直角三角形で，
$x^2=2^2+6^2$，$x^2=$[40]
$x>0$ より，$x=$[$2\sqrt{10}$]

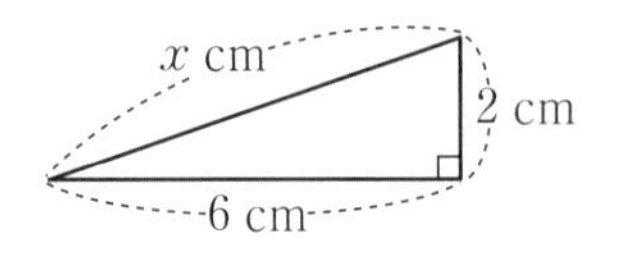

□(2) 3辺の長さが 2 cm，$\sqrt{5}$ cm，3 cm の三角形は，
$2^2+(\sqrt{5})^2=$[9]，$3^2=$[9]だから，
長さ[3]cm の辺を斜辺(しゃへん)とする直角三角形と[いえます]。

2節 三平方の定理の活用　▶ 教 p.184-194　Step 2 ❹-⓫

□(3) 右の図で，x，y の値(あたい)を求めなさい。
$3\sqrt{2}:x=1:$[$\sqrt{2}$]
$x=$[6]
$y:2\sqrt{6}=\sqrt{3}:$[2]
$y=$[$3\sqrt{2}$]

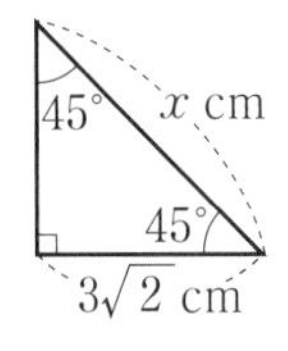

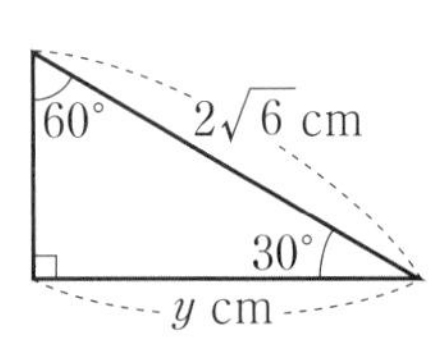

□(4) 半径 10 cm の円 O で，中心 O から弦 AB までの距離(きょり)が 7 cm であるとき，AH を x cm とすると，
$x^2=$[10^2]-7^2，$x^2=51$　$x>0$ より，
$x=$[$\sqrt{51}$]

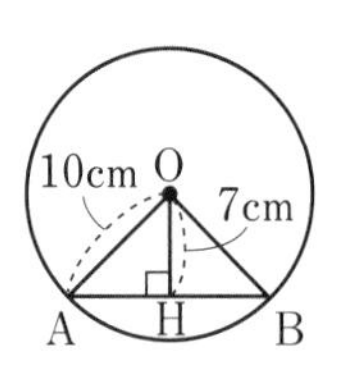

□(5) 座標平面上で，2点 A(1, −2)，B(4, 2) 間の距離を求めなさい。
A から x 軸に平行にひいた直線と，B から y 軸に平行にひいた直線との交点を H とする。
△AHB で，∠AHB=90°，
AH=4−1=3，HB=2−(−2)=[4]
$AB^2=AH^2+HB^2=$[25]より，2点間の距離 AB は[5]である。

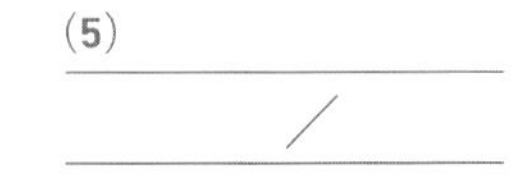

□(6) 縦，横，高さが，それぞれ 4 cm，5 cm，7 cm である直方体の対角線を x cm とすると，$x^2=4^2+5^2+7^2$，$x=$[$3\sqrt{10}$]

(1)
(2) ／ ／
(3)
(4)
(5) ／
(6)

教科書のまとめ　___に入るものを答えよう！

□直角三角形の直角をはさむ2辺の長さを a，b とし，斜辺の長さを c とすると，a^2+ b^2 $=$ c^2 が成り立ち，これを 三平方の定理 という。

□三平方の定理の逆
3辺の長さが a，b，c である三角形で，$a^2+b^2=c^2$ の関係が成り立つならば，その三角形は，長さ c の辺を 斜辺 とする 直角 三角形である。

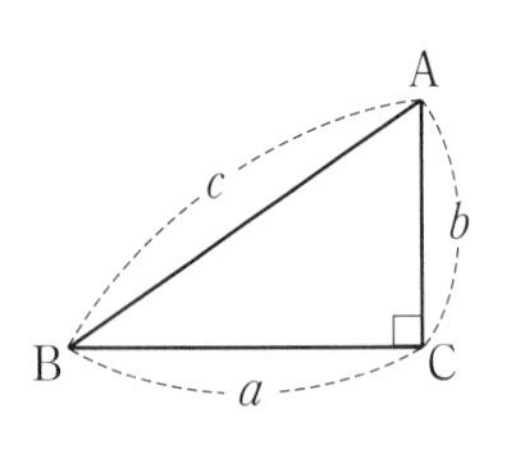

□直角二等辺三角形の辺の比…1：1：$\sqrt{2}$，60° の角をもつ直角三角形の辺の比…1：$\sqrt{3}$：2

Step 2 予想問題　1節 三平方の定理　2節 三平方の定理の活用

1ページ 30分

【三平方の定理】

1 □ 右の図で，△ABC，△CBD，△ACD の面積比を用いて，三平方の定理 $a^2+b^2=c^2$ が成り立つことを証明しなさい。

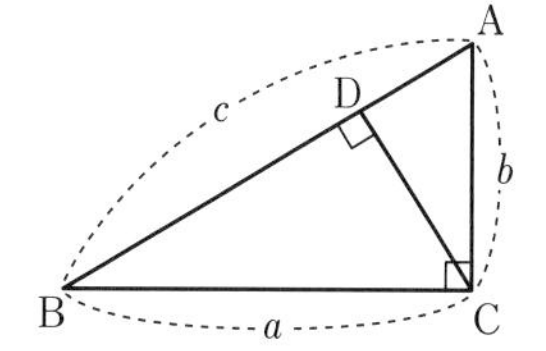

【直角三角形の辺の長さ】

よく出る

2 次の図の直角三角形で，x の値を求めなさい。

□(1)

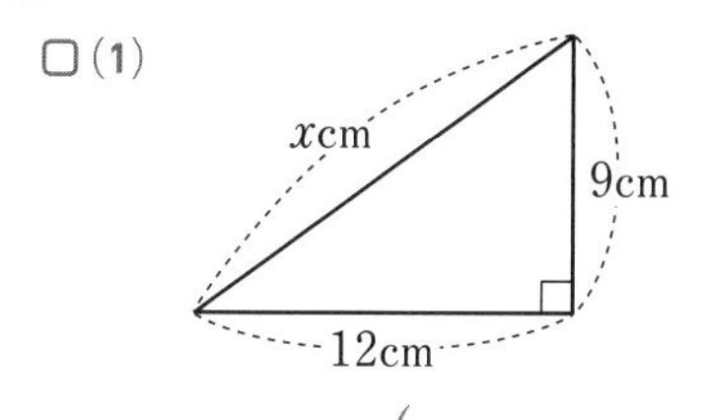

(　　　　)

□(2)

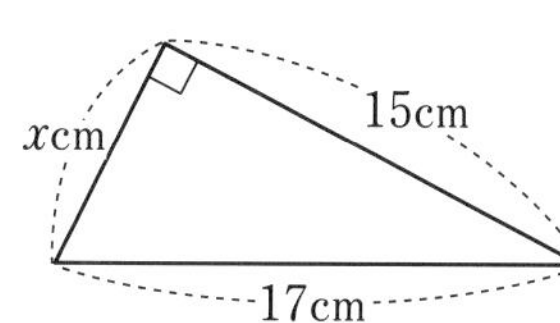

(　　　　)

□(3)

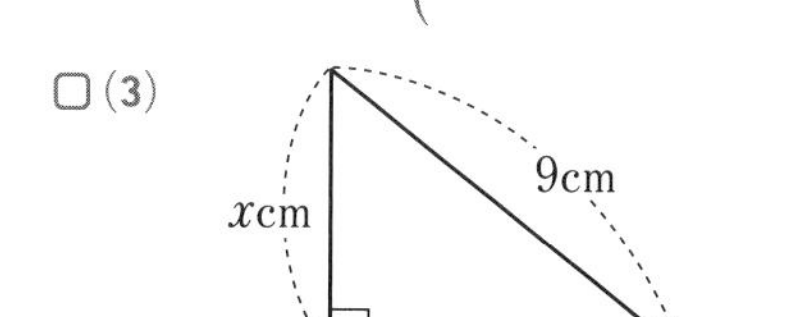

(　　　　)

□(4)

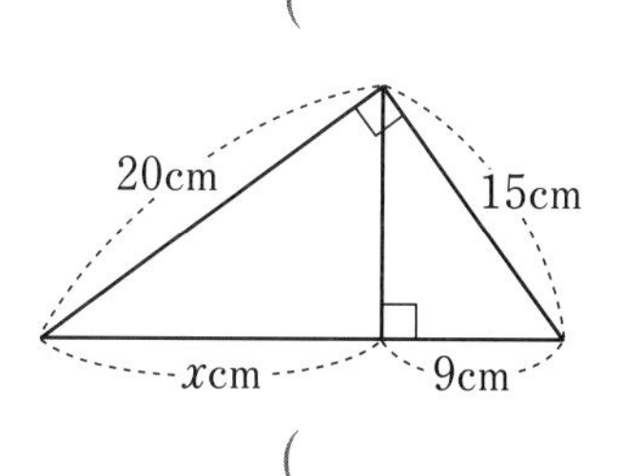

(　　　　)

【三平方の定理の逆】

3 □ 次のような3辺をもつ三角形のうち，直角三角形はどれですか。すべて選び，記号で答えなさい。

㋐ 6 cm，5 cm，7 cm　　㋑ 7 cm，24 cm，25 cm

㋒ 2 m，$\sqrt{3}$ m，$\sqrt{5}$ m　　㋓ 3 m，4 m，$\sqrt{7}$ m　　(　　　　)

【特別な直角三角形①】

4 次の図で，x，y の値を求めなさい。

□(1)

xcm　45°　4cm　45°

($x=$　　　　)

□(2)

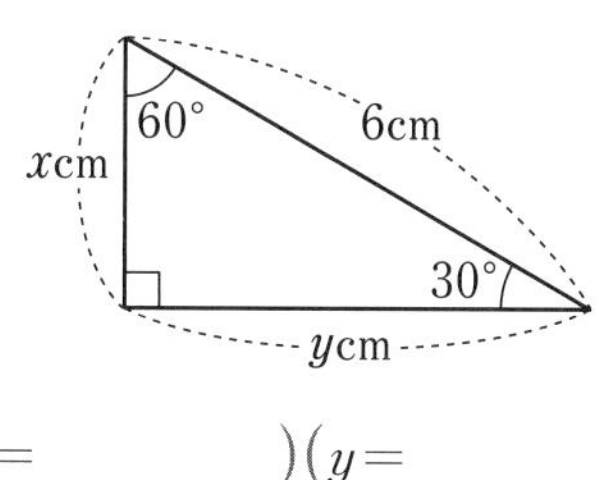

($x=$　　　　)($y=$　　　　)

ヒント

1

斜辺の比が $c:a:b$ なので，面積比は $c^2:a^2:b^2$ になります。

2

(1) $x^2=9^2+12^2$

(2) $x^2=17^2-15^2$

(3) $x^2=9^2-7^2$

(4)三平方の定理を2回使います。

テスト得ダネ

三平方の定理はシンプルな形なので，式は立てやすいのですが，計算力が問われる問題が多いので，十分注意して計算を進めましょう。

3

三平方の定理が成り立てば，その三角形は直角三角形になります。

4

直角二等辺三角形の辺の比は，

$1:1:\sqrt{2}$

60°の角をもつ直角三角形の辺の比は，

$1:\sqrt{3}:2$

です。

【特別な直角三角形②】

5 次の図で，x，y の値を求めなさい。

□(1)

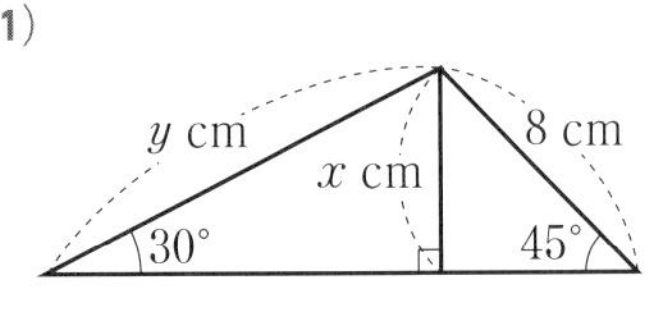

□(2)

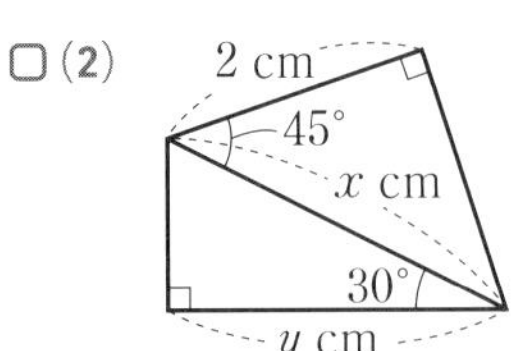

($x=$　　　　)($y=$　　　　)　($x=$　　　　)($y=$　　　　)

ヒント

5
直角三角形に，特別な直角三角形の辺の比をかき入れて，比例式をつくります。

【平面図形への活用①】

6 次の問いに答えなさい。

□(1) 右の図のように，半径 5 cm の円 O で，中心 O から弦 AB までの距離が 3 cm であるとき，弦 AB の長さを求めなさい。

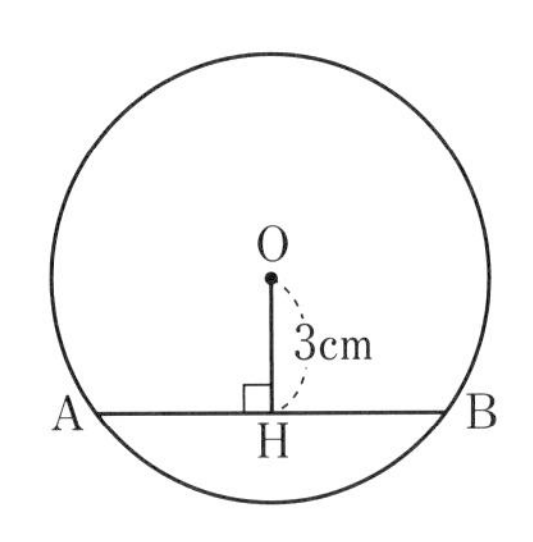

(　　　　)

□(2) 次の図で，直線 AP は円 O の接線で，点 P はその接点です。AP の長さを求めなさい。

①

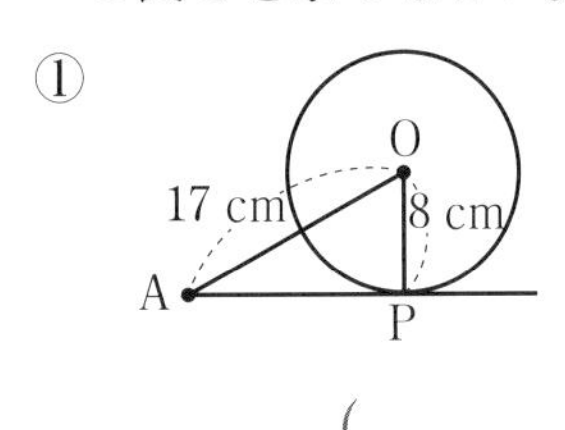

②

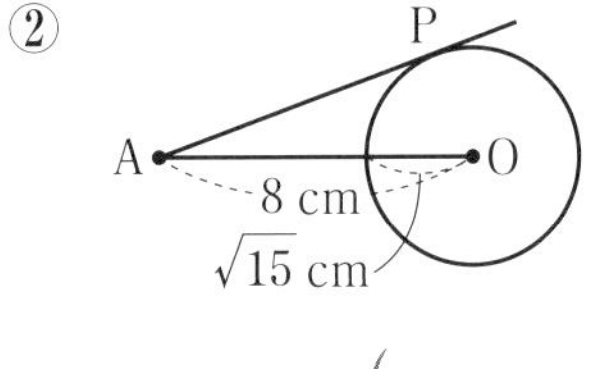

(　　　　)　(　　　　)

6
(1) AB＝2AH です。

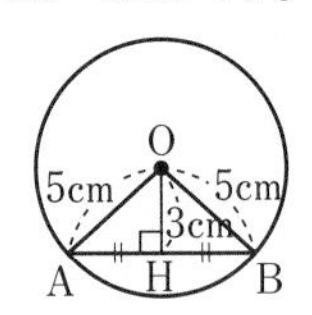

(2) 円の接線は，接点を通る半径に垂直です。

【平面図形への活用②】

7 座標平面上で，次の 2 点間の距離を求めなさい。

□(1) A $(-4,\ -2)$，B $(2,\ 6)$　□(2) A $(-1,\ 2)$，B $(1,\ -2)$

(　　　　)　(　　　　)

7
AB が斜辺となる直角三角形をつくります。

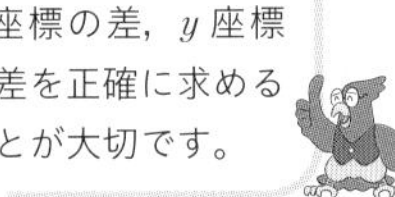

ミスに注意
x 座標の差，y 座標の差を正確に求めることが大切です。

【空間図形への活用①】

8 次の立体の対角線の長さを求めなさい。

□(1) 縦，横，高さが，それぞれ 2 cm，4 cm，2 cm である直方体

(　　　　)

□(2) 1 辺の長さが 6 cm である立方体

(　　　　)

8
向かい合う頂点を結ぶ線分を，対角線といいます。

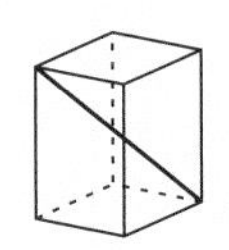

[解答 ▶ p.25-26]

【空間図形への活用②】

9 右の図は，底面の1辺が6 cmで，他の辺は7 cmの正四角錐です。次の問いに答えなさい。

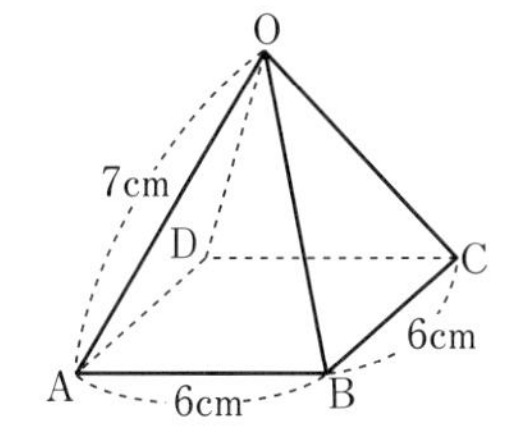

□(1) この正四角錐の高さを求めなさい。

(　　　　　)

□(2) この正四角錐の体積を求めなさい。

(　　　　　)

□(3) この正四角錐の表面積を求めなさい。

(　　　　　)

ヒント

9

(1)ACとBDとの交点をHとすると，OHがこの正四角錐の高さになります。

(3)側面は，すべて合同な二等辺三角形です。

【空間図形への活用③】

10 右の展開図で表される円錐について，次の問いに答えなさい。

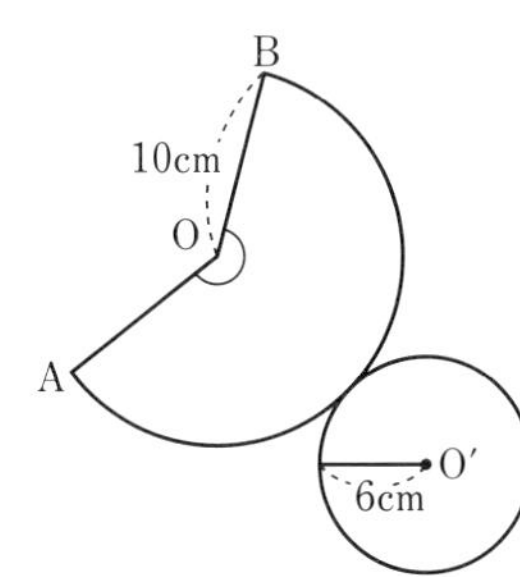

□(1) この円錐の高さを求めなさい。

(　　　　　)

□(2) この円錐の体積を求めなさい。

(　　　　　)

10

(1)見取図をかいて，この円錐の高さを求めます。

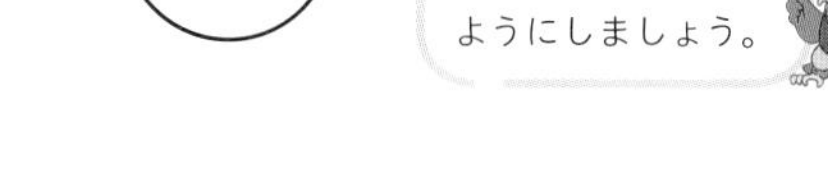

ミスに注意

早とちりをして，高さを10 cmとしないようにしましょう。

【空間図形への活用④】

11 右の図のような直方体の箱があります。箱の面に沿って，頂点AからGまでひもをたるみなくかけます。次の問いに答えなさい。

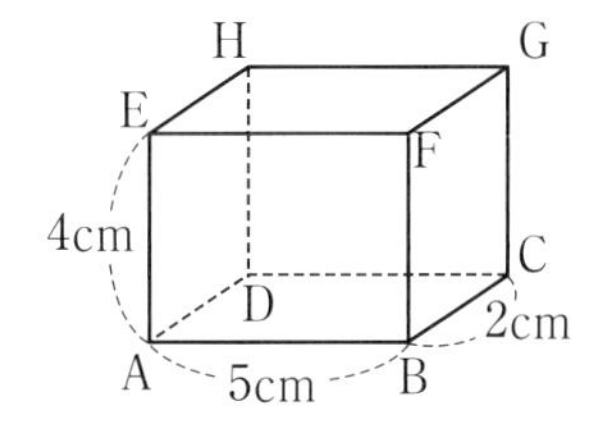

□(1) 辺EF上をひもが通る場合で，ひもの長さが最も短くなるときのひもの長さを求めなさい。

(　　　　　)

□(2) 辺FB上をひもが通る場合で，ひもの長さが最も短くなるときのひもの長さを求めなさい。

(　　　　　)

11

展開図をかき，長さが最も短くなるときのひものようすを考えます。

(1)展開図の一部

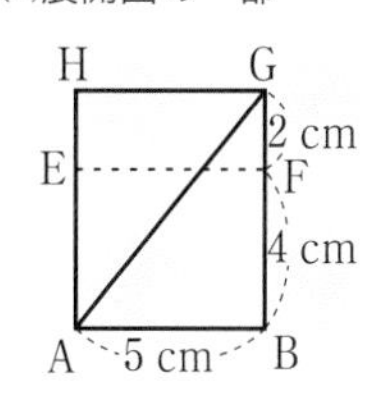

Step 3 予想テスト　7章 三平方の定理

30分　／100点　目標 80点

1 次の図で，x の値を求めなさい。知　12点(各4点)

□(1)

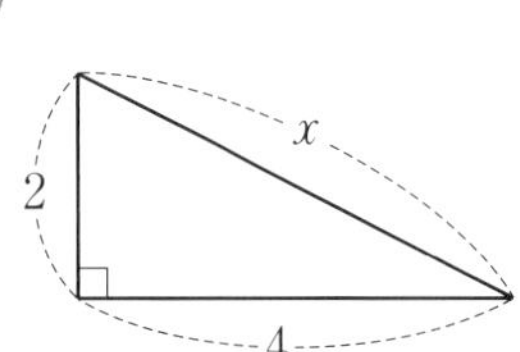

□(2)

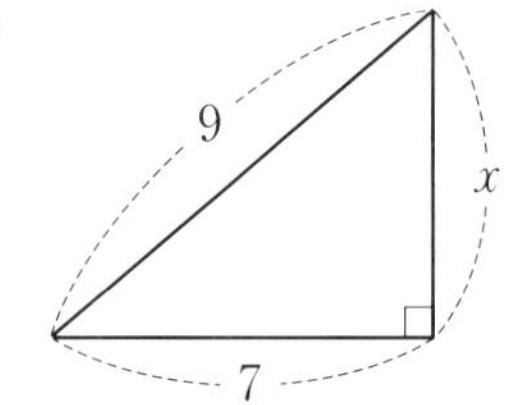

□(3)

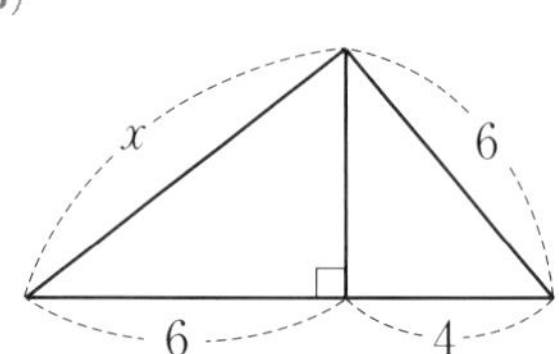

2 次の長さを3辺とする三角形のうち，直角三角形であるものには○，そうでないものには×をかきなさい。知　16点(各4点)

□(1) 4 cm，5 cm，7 cm　□(2) 0.9 cm，1.2 cm，1.5 cm

□(3) 2 cm，$2\sqrt{3}$ cm，3 cm　□(4) $\sqrt{2}$ cm，$2\sqrt{2}$ cm，$\sqrt{6}$ cm

3 右の図は，1組の三角定規を組み合わせたものです。AC＝12 cm のとき，残りの辺 AB，BC，AD，CD の長さを求めなさい。知
□　16点(各4点)

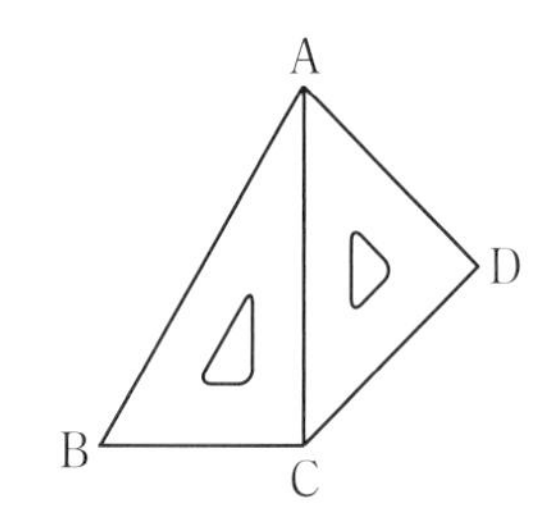

4 次の問いに答えなさい。知　16点(各4点)

□(1) 対角線の長さが 10 cm の正方形の1辺の長さを求めなさい。

□(2) 1辺が 8 cm の正三角形の面積を求めなさい。

□(3) 右の図で2点 A，B は関数 $y=\frac{1}{2}x^2$ のグラフ上の点で，x 座標はそれぞれ4と -2 です。線分 AB の長さを求めなさい。

□(4) 半径 9 cm の円 O で，中心からの距離が 3 cm である弦 AB の長さを求めなさい。

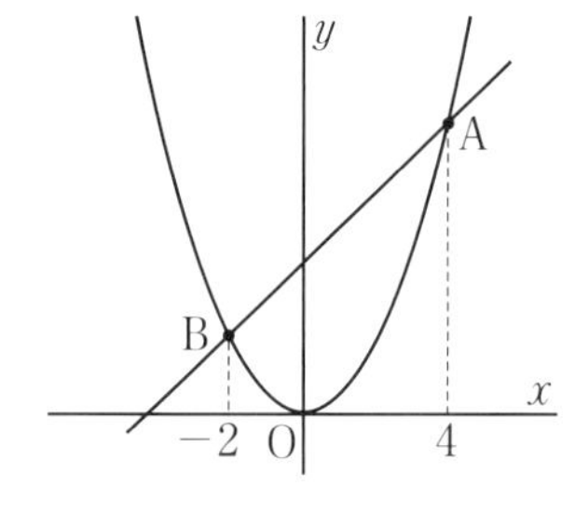

5 座標平面上に，3点 A(5，4)，B(−6，2)，C(2，−2) を頂点とする △ABC があります。次の問いに答えなさい。知　10点(各5点)

□(1) △ABC はどんな三角形ですか。

□(2) △ABC の面積を求めなさい。

6 右の図のような正四角錐について，次の問いに答えなさい。知　18点(各6点)

□(1)　△OAB の面積を求めなさい。

□(2)　高さ OH を求めなさい。

□(3)　この正四角錐の体積を求めなさい。

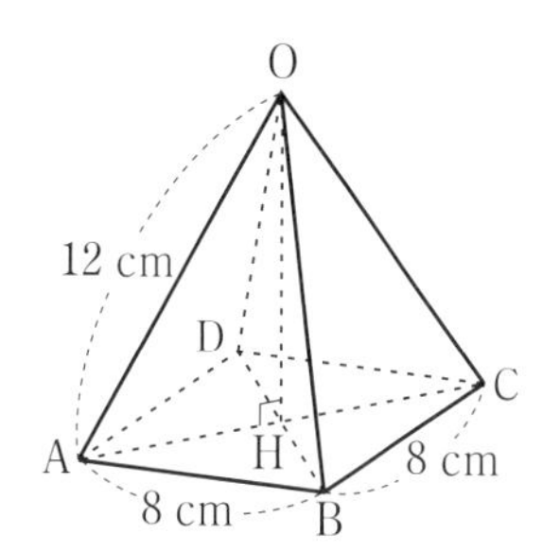

点UP

7 右の図の直方体について，次の問いに答えなさい。考　12点(各6点)

□(1)　辺 CG の中点を M とするとき，線分 EM の長さを求めなさい。

□(2)　直方体の面に沿って，頂点 A から辺 BF を通り G までひもをたるみなくかけます。ひもの長さが最も短くなるときのひもの長さを求めなさい。

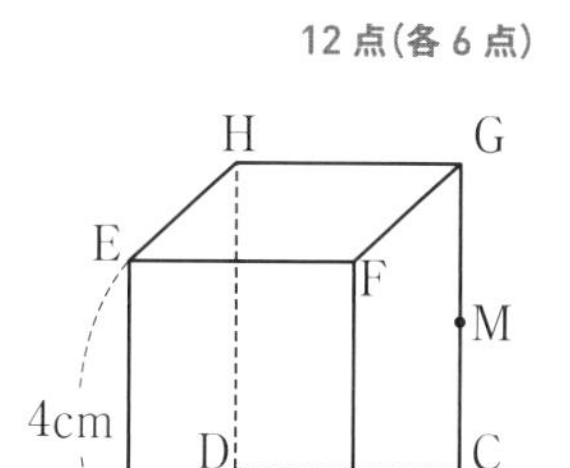

7章

1	(1)	(2)	(3)	
2	(1)	(2)	(3)	(4)
3	AB	BC	AD	CD
4	(1)	(2)		
	(3)	(4)		
5	(1)	(2)		
6	(1)	(2)	(3)	
7	(1)	(2)		

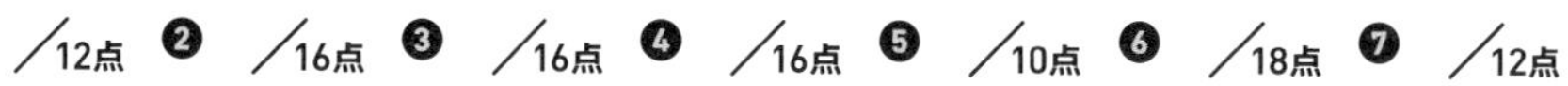

Step 1 基本チェック　1節 標本調査

15分

教科書のたしかめ　[　]に入るものを答えよう！

❶ 全数調査と標本調査

▶ 教 p.200-201　Step 2 ❶❷

解答欄

次の調査は，全数調査，標本調査のどちらで行われますか。

□ (1) ある中学校での健康診断…[全数調査]　(1)

□ (2) ある会社で製作したボールペンの品質検査…[標本調査]　(2)

□ (3) 国が行う国勢調査…[全数調査]　(3)

□ (4) ある新聞社が行う世論調査…[標本調査]　(4)

❷ 標本の取り出し方

▶ 教 p.202-203

□ (5) ある中学校の夏休み中の読書量の調査で，標本の選び方として適切なものを2つ選びなさい。　答[㋑]と[㋓]　(5)　／

㋐ 男子だけを選ぶ。　㋑ くじで選ぶ。

㋒ ある1学級全員を選ぶ。　㋓ 乱数表を使って選ぶ。

❸ 乱数を使った無作為抽出

▶ 教 p.204-207　Step 2 ❸

❹ 標本調査の活用

▶ 教 p.208-211　Step 2 ❹

ある町で，中学3年生全員2564人を対象に数学のテストを行い，その中から100人の成績を無作為に抽出して平均値を調べました。

□ (6) 母集団は，ある町の[中学3年生全員2564人]です。　(6)

□ (7) 標本は，無作為に抽出された[100人の成績]です。　(7)

□ (8) 標本の平均値が71.5点ならば，この中学3年生全員の平均値は，約[71.5]点と推定できます。　(8)

□ (9) ある工場で，無作為に150個の製品を選んで調べたら，不良品が2個ありました。この工場で1万個の製品をつくったところ，x個の不良品が出るとします。不良品の個数は約何個と推定できますか。小数第1位の数を四捨五入した概数で答えなさい。　(9)　／

x：[10000]＝2：150　x＝133.3…　答 約[133]個

教科書のまとめ　＿＿に入るものを答えよう！

□ 調査対象のすべてをもれなく調べることを 全数調査 といい，調査対象の一部を調べる調査のことを 標本調査 という。

□ 調査する対象となるもとの集団を 母集団 といい，取り出された一部を 標本 という。

□ 母集団から標本をかたよりなく取り出すことを， 無作為に抽出する という。

□ 標本調査の調査結果から， 母集団 の傾向を推定することができる。

Step 2 予想問題 1節 標本調査

1ページ 30分

【全数調査と標本調査①】

❶ 次のア～エの調査は，全数調査，標本調査のどちらで行われますか。
□ 標本調査が適切であるものの記号をすべて答えなさい。

ア 学校での学力検査　　イ ジュースの品質検査

ウ 全国の米の収穫量の予想　　エ 会社での健康診断

(　　　　)

【全数調査と標本調査②】

❷ ある市で，中学生全員 6723 人を対象に通学時間の調査を行い，その中から 100 人を無作為に抽出して，その平均値を調べました。

□(1) 母集団，標本はそれぞれ何ですか。

母集団(　　　　)　標本(　　　　)

□(2) 標本の大きさをいいなさい。(　　　　)

□(3) 標本の平均値が 15 分ならば，この中学生全員の平均値は，約何分と推定できますか。(　　　　)

【乱数を使った無作為抽出】

❸ 右の表は，ある中学校の 3 年生男子 16 人のスポーツテスト(握力)の記録です。この表から，4 人の記録を選ぶために乱数をつくったところ次のようになりました。
□

番号	1	2	3	4	5	6	7	8
記録	34	37	49	32	42	52	34	40
番号	9	10	11	12	13	14	15	16
記録	49	52	33	36	38	39	39	34

(単位 kg)

10，36，20，10，48，09，72，35，94，12，94，78，29，14，80，…

このとき，4 人の記録をもとに母集団の平均値を推定しなさい。

(　　　　)

【標本調査の活用】

❹ ある工場で，無作為に 120 個の製品を選んで調べたところ，不良品が 5 個ありました。この工場で 5000 個の製品をつくったら，約何個の不良品が出ると推定できますか。
□ 一の位の数を四捨五入した概数で答えなさい。

(　　　　)

ヒント

❶ 集団の一部を調べて全体の傾向を推定することができるかを考えます。
イ 全数調査をすると品物がなくなります。

❷ (3)標本の平均値は，母集団の平均値とほぼ等しいと推定できます。

❸ 1～16 以外の数や重複する数を省き，4 個の番号の標本を取り出します。

❹ 不良品の割合は，無作為に抽出した標本と母集団では，同じと考えることができます。

8章

Step 3 予想テスト　8章　標本調査

20分　／50点　目標 40点

1 次の調査は，全数調査，標本調査のどちらで行われますか。知　10点(各5点)

□(1)　入学者選抜の学力検査　　□(2)　みかんの糖度調査

2 ある中学校の3年生200人に対して，冬休み中の学習時間を調査するのに，標本を選んで調べます。標本の選び方として，適当と思われる方法を次から2つ選び，記号で答えなさい。知　10点(完答)

ア　女子だけを選ぶ。　　イ　くじ引きで30人を選ぶ。

ウ　ある1学級全員の35人を選ぶ。　　エ　出席番号が5の倍数の人だけを選ぶ。

点UP **3** 袋の中に，白と黒の碁石が合計1000個はいっています。この中から20個の碁石を取り出し，白石の数を調べて袋にもどします。これを5回くり返した結果，8個，7個，6個，8個，6個でした。袋の中の白石の数は，約何個と推定できますか。考　10点

4 箱の中に白い玉がたくさんはいっています。いま，この中から200個を取り出し，赤くぬって箱の中にもどしました。よくかき混ぜてから玉を150個取り出したところ，赤い玉が8個ふくまれていました。最初に箱の中にはいっていた白い玉の数は約何個と推定できますか。考　10点

5 袋の中に白米がたくさんはいっています。同じ種類の白米200粒を赤く染めてその袋に入れ，よくかき混ぜてからひとすくいすると320粒の米があり，その中には赤く染めた米が40粒ふくまれていました。最初に袋の中にはいっていた白米の粒数は約何粒と推定できますか。考　10点

1	(1)	(2)
2		
3		
4		
5		

1 ／10点　2 ／10点　3 ／10点　4 ／10点　5 ／10点

[解答▶p.28]

テスト前 ☑ やることチェック表

① まずはテストの目標をたてよう。頑張ったら達成できそうなちょっと上のレベルを目指そう。
② 次にやることを書こう（「ズバリ英語〇ページ，数学〇ページ」など）。
③ やり終えたら☐に✔を入れよう。
最初に完ぺきな計画をたてる必要はなく，まずは数日分の計画をつくって，
その後追加・修正していっても良いね。

目標

	日付	やること 1	やること 2
2週間前	／	☐	☐
	／	☐	☐
	／	☐	☐
	／	☐	☐
	／	☐	☐
	／	☐	☐
	／	☐	☐
1週間前	／	☐	☐
	／	☐	☐
	／	☐	☐
	／	☐	☐
	／	☐	☐
	／	☐	☐
	／	☐	☐
テスト期間	／	☐	☐
	／	☐	☐
	／	☐	☐
	／	☐	☐
	／	☐	☐

キリトリ線

QRコードのページに登録すると，「ぴたリンク」からも表をダウンロードできるよ

テスト前 ☑ やることチェック表

① まずはテストの目標をたてよう。頑張ったら達成できそうなちょっと上のレベルを目指そう。
② 次にやることを書こう（「ズバリ英語〇ページ，数学〇ページ」など）。
③ やり終えたら□に✓を入れよう。
最初に完ぺきな計画をたてる必要はなく，まずは数日分の計画をつくって，
その後追加・修正していっても良いね。

目標

	日付	やること 1	やること 2
2週間前	／	□	□
	／	□	□
	／	□	□
	／	□	□
	／	□	□
	／	□	□
	／	□	□
1週間前	／	□	□
	／	□	□
	／	□	□
	／	□	□
	／	□	□
	／	□	□
	／	□	□
テスト期間	／	□	□
	／	□	□
	／	□	□
	／	□	□
	／	□	□

QRコードのページに登録すると，「ぴたリンク」からも表をダウンロードできるよ

日本文教版 数学3年 | 定期テスト ズバリよくでる | 解答集

1章 式の展開と因数分解

1節 式の展開　2節 因数分解

p.3-5 Step 2

❶ (1) $8x^2-12x$　(2) $-10a^2-8ab$
(3) $2y+4$　(4) $15x-10y$

解き方 分配法則を使って計算します。

(2) $-2a(5a+4b)$
$=-2a\times5a+(-2a)\times4b=-10a^2-8ab$

(4) $(9xy-6y^2)\div\dfrac{3}{5}y=(9xy-6y^2)\times\dfrac{5}{3y}=15x-10y$

❷ (1) $xy-2x+4y-8$　(2) $7a^2-27ab-4b^2$
(3) $3a^2-5ab-4a+10b-4$
(4) $x^2-3x-18$　(5) $y^2-8y+12$
(6) $x^2-\dfrac{1}{7}x-\dfrac{12}{49}$

解き方 式の展開は,
$(a+b)(c+d)=ac+ad+bc+bd$
4つの乗法公式もすべてこれがもとになります。

(4) $(x+3)(x-6)=x^2+(3-6)x+3\times(-6)$
$=x^2-3x-18$

(6) $\left(\dfrac{3}{7}+x\right)\left(x-\dfrac{4}{7}\right)=\left(x+\dfrac{3}{7}\right)\left(x-\dfrac{4}{7}\right)$
$=x^2+\left(\dfrac{3}{7}-\dfrac{4}{7}\right)x+\dfrac{3}{7}\times\left(-\dfrac{4}{7}\right)$
$=x^2-\dfrac{1}{7}x-\dfrac{12}{49}$

❸ (1) x^2+6x+9　(2) $y^2+18y+81$
(3) $a^2-a+\dfrac{1}{4}$　(4) $x^2-14x+49$
(5) x^2-64　(6) $y^2-\dfrac{25}{36}$

解き方 (1) $(x+3)^2=x^2+2\times3\times x+3^2$
$=x^2+6x+9$

(5) $(x-8)(x+8)=x^2-8^2$
$=x^2-64$

❹ (1) 6399　(2) 2704　(3) 2401

解き方 (1) 81 を $(80+1)$, 79 を $(80-1)$ とすれば公式が利用できます。79 を $(70+9)$ としないようにします。
(2) 52 を $(50+2)$ として公式[2]を利用します。
(3) 49 を $(50-1)$ として公式[3]を利用します。

❺ (1) $4x^2-2x-12$　(2) $9x^2+48x+64$
(3) $4x^2-4xy+y^2$　(4) $25-4a^2$
(5) $2x^2+9x+5$　(6) $-5a^2-12a+25$
(7) $x^2-2xy+y^2+10x-10y+25$
(8) $a^2+12a+36-b^2$

解き方 (1) $(2x+3)(2x-4)$
$=(2x)^2+(3-4)\times2x+(-12)$
$=4x^2-2x-12$

(2) $(3x+8)^2=(3x)^2+2\times8\times3x+8^2$
$=9x^2+48x+64$

(4) $(5-2a)(5+2a)=5^2-(2a)^2$
$=25-4a^2$

(5) 乗法公式[1], [2]を利用します。
$(x+3)^2+(x-1)(x+4)$
$=x^2+2\times3\times x+3^2+x^2+(-1+4)x+(-4)$
$=x^2+6x+9+x^2+3x-4$
$=2x^2+9x+5$

(7) $x-y$ を M とすると,
$(M+5)^2$
$=M^2+10M+25$
$=(x-y)^2+10(x-y)+25$　← M を $x-y$ にもどす
$=x^2-2xy+y^2+10x-10y+25$

(8) $a+6$ を M とすると,
$(a-b+6)(a+b+6)$
$=(a+6-b)(a+6+b)$
$=(M-b)(M+b)$
$=M^2-b^2$
$=(a+6)^2-b^2$　← M を $a+6$ にもどす
$=a^2+12a+36-b^2$

6 (1) $a(b+4c)$　(2) $3xy(3x+4)$
(3) $4x(x+2y-4)$　(4) $2ab(3a-4b+7)$
(5) $(x+3)(x+5)$　(6) $(a-4)(a-8)$
(7) $(x+4)(x-7)$　(8) $(y-8)(y+9)$

解き方 各項に共通な因数をくくり出します。

(1) $ab+4ac$
$=a\times b+a\times 4c=a(b+4c)$

(3) $4x^2+8xy-16x$
$=4x\times x+4x\times 2y-4x\times 4$
$=4x(x+2y-4)$

(4) $6a^2b-8ab^2+14ab$
$=2ab\times 3a-2ab\times 4b+2ab\times 7$
$=2ab(3a-4b+7)$

先に，積が定数項になる 2 数を見つけます。

(5) 積が 15，和が 8 となる 2 数は，3 と 5 だから，
$x^2+8x+15=(x+3)(x+5)$

(8) 積が -72，和が 1 になる 2 数は，-8 と 9 だから，
$y^2+y-72=(y-8)(y+9)$

7 (1) $(x+7)^2$　(2) $(x+12)^2$　(3) $(a-1)^2$
(4) $\left(x-\frac{1}{2}\right)^2$　(5) $(x+3)(x-3)$
(6) $(9+x)(9-x)$

解き方 (2) $x^2+24x+144$
$=x^2+2\times 12\times x+12^2$
$=(x+12)^2$

(4) $x^2-x+\frac{1}{4}$
$=x^2-2\times\frac{1}{2}\times x+\left(\frac{1}{2}\right)^2$
$=\left(x-\frac{1}{2}\right)^2$

(5) $x^2-9=x^2-3^2$
$=(x+3)(x-3)$

8 (1) 420　(2) 147　(3) 64　(4) 10.8

解き方 (2) 74^2-73^2
$=(74+73)\times(74-73)$
$=147\times 1=147$

(3) $8.2^2-1.8^2$
$=(8.2+1.8)\times(8.2-1.8)$
$=10\times 6.4=64$

9 (1) $(3x+1)^2$　(2) $(9a+4)(9a-4)$
(3) $4(x+2)(x-5)$　(4) $7(a-2)^2$
(5) $(x+3)^2$　(6) $(x+4)(x-6)$
(7) $(a+b+10)(a+b-10)$
(8) $(x-2)(y-5)$

解き方 (1) $9x^2+6x+1$
$=(3x)^2+2\times 1\times 3x+1^2=(3x+1)^2$

(2) $81a^2-16$
$=(9a)^2-4^2=(9a+4)(9a-4)$

(3)，(4) まず，各項に共通な因数をくくり出してから，公式にあてはめて因数分解します。

(3) $4x^2-12x-40$
$=4(x^2-3x-10)=4(x+2)(x-5)$

(4) $7a^2-28a+28$
$=7(a^2-4a+4)=7(a-2)^2$

(5) $x-5$ を M とすると，
$(x-5)^2+16(x-5)+64$
$=M^2+16M+64$
$=(M+8)^2$
$=(x-5+8)^2$　← M を $x-5$ にもどす
$=(x+3)^2$

(6) $x+1$ を M とすると，
$(x+1)^2-4(x+1)-21$
$=M^2-4M-21$
$=(M+3)(M-7)$
$=(x+1+3)(x+1-7)$　← M を $x+1$ にもどす
$=(x+4)(x-6)$

(7) $a+b$ を M とすると，
$(a+b)^2-100$
$=M^2-100$
$=(M+10)(M-10)$
$=(a+b+10)(a+b-10)$　← M を $a+b$ にもどす

(8) $xy-5x-2y+10$
$=x(y-5)-2(y-5)$
$y-5$ を M とすると，
$xM-2M$
$=M(x-2)$
$=(x-2)(y-5)$　← M を $y-5$ にもどす

また，$xy-5x-2y+10$

$=y(x-2)-5(x-2)$

$x-2$ を M とすると，

$yM-5M$

$=M(y-5)$

$=(x-2)(y-5)$

と因数分解することもできます。

3節 文字式の活用

p.7 Step 2

❶ (例)真ん中の数を n とすると，残りの2数は $n-1$，$n+1$ と表される。

真ん中の数を2乗して1をひくと，

$n^2-1=(n+1)(n-1)$

したがって，連続する3つの自然数の真ん中の数を2乗して1をひくと，残りの2数の積に等しくなる。

解き方 いちばん小さい数を n とすることもできます。いちばん小さい数を n とすると，連続する3つの自然数は，n，$n+1$，$n+2$ と表されます。真ん中の数を2乗して1をひくと，

$(n+1)^2-1=n^2+2n+1-1$

$=n^2+2n$

$=n(n+2)$

したがって，連続する3つの自然数の真ん中の数を2乗して1をひくと，残りの2数の積に等しくなります。

また，いちばん大きい数を n とすることもできます。連続する3つの自然数は，$n-2$，$n-1$，n と表され，

$(n-1)^2-1=n^2-2n+1-1$

$=n^2-2n$

$=n(n-2)$

より，これは残りの2数の積に等しくなります。

❷ (1) $S=32+4\pi$

(2) 道の面積 S は，次のような計算で求められる。

$S=ax\times4+\pi a^2$

$=4ax+\pi a^2$ ………①

また，道の真ん中を通る線の長さ ℓ は，

$\ell=x\times4+2\pi\times\frac{1}{2}a$

$=4x+\pi a$

よって，$a\ell=a(4x+\pi a)$

$=4ax+\pi a^2$ ………②

①，②より，$S=a\ell$

解き方 (1) $S=2\times4\times4+\pi\times2^2=32+4\pi$

(2) 道の真ん中を通る線の長さ ℓ は，池の周の長さと，半径 $\frac{1}{2}a$ の円の周の和になります。

p.8-9 Step 3

❶ (1) $3x^2-3xy$ (2) $-3a-4b$
(3) $x^2+3xy-4y^2$ (4) $x^2+4x-21$
(5) $x^2-18x+81$ (6) x^2-64
(7) $25a^2+20ab+4b^2$
(8) $4x^2+4xy+y^2-2x-y-30$

❷ (1) $3ax(a-3x)$ (2) $(x-4)(x+5)$
(3) $(x+2)(x+9)$ (4) $(x-5)^2$
(5) $(3x+2y)^2$ (6) $(6x+1)(6x-1)$
(7) $a(x-4)(x+10)$ (8) $(x+5)(x-4)$

❸ (1) 324 (2) 4896 (3) 85 (4) 17.8

❹ (例)n を整数とする。連続する 2 つの偶数のうち，小さい方を $2n$ とすると，大きい方は $2n+2$ と表される。
$2n(2n+2)+1=4n^2+4n+1=(2n+1)^2$
$2n+1$ は奇数である。したがって，奇数の 2 乗になる。

解き方

❶ (1) 分配法則を使います。
(3)～(7) 乗法公式を使います。
(8) $2x+y$ を M とすると，
$(2x+y+5)(2x+y-6)$
$=(M+5)(M-6)$
$=M^2-M-30$
$=(2x+y)^2-(2x+y)-30$ （M を $2x+y$ にもどす）
$=4x^2+4xy+y^2-2x-y-30$

❷ (1) 共通な因数をくくり出します。
(2)～(6) 因数分解の公式を使います。
(5) $9x^2+12xy+4y^2$
$=(3x)^2+2\times3x\times2y+(2y)^2$
$=(3x+2y)^2$
(6) $36x^2-1=(6x)^2-1^2$
$=(6x+1)(6x-1)$
(7) まず共通な因数をくくり出してから，因数分解の公式を使います。
(8) $x+2$ を M とすると，
$(x+2)^2-3(x+2)-18$
$=M^2-3M-18$
$=(M+3)(M-6)$
$=(x+2+3)(x+2-6)$ （M を $x+2$ にもどす）
$=(x+5)(x-4)$

❸ (1) $18=20-2$ とします。
$(20-2)^2=20^2-2\times2\times20+2^2$
$=400-80+4$
$=324$
(2) $68=70-2$，$72=70+2$ とします。
$(70-2)\times(70+2)=70^2-2^2$
$=4900-4$
$=4896$
(3) $x^2-a^2=(x+a)(x-a)$ を使います。
$43^2-42^2=(43+42)(43-42)$
$=85\times1$
$=85$
(4) $9.4^2-8.4^2=(9.4+8.4)(9.4-8.4)$
$=17.8\times1$
$=17.8$

❹ 2 と 4，8 と 10 のように，連続する 2 つの偶数で，大きい方の偶数は小さい方の偶数に 2 をたしたものになります。

2章 平方根

1節 平方根

p.11-12 Step 2

❶ (1) $10\ \text{cm}^2$　(2) $\sqrt{10}$ cm　(3) 1

解き方 (1) $4\times4-\frac{1}{2}\times1\times3\times4=16-6=10(\text{cm}^2)$

(2) 1辺の長さを x cm とすると，$x^2=10$

$x=\sqrt{10}$

(3) $3^2=9$，$4^2=16$ で，$9<10<16$ だから $3<x<4$

また，$3.1^2=9.61$，$3.2^2=10.24$ だから $3.1<x<3.2$

よって，1辺の長さの小数第1位は1

❷ (1) ±3　(2) $\pm\sqrt{13}$　(3) $\pm\frac{5}{9}$　(4) -8

解き方 平方根は正の数と負の数の2つあります。

(3) $\pm\sqrt{\frac{25}{81}}=\pm\sqrt{\frac{5^2}{9^2}}=\pm\sqrt{\left(\frac{5}{9}\right)^2}=\pm\frac{5}{9}$

(4) 64の平方根は ±8 ですが，負の方とあるので，-8

❸ (1) 12　(2) -9　(3) 3
(4) 11　(5) 13　(6) -6

解き方 $a>0$ のとき，$\sqrt{a^2}=a$，$\sqrt{(-a)^2}=a$，

$(-\sqrt{a})^2=a$，$-\sqrt{a^2}=-a$ となります。

(1) $\sqrt{144}=\sqrt{12^2}=12$

(2) $-\sqrt{81}=-\sqrt{9^2}=-9$

(3) $\sqrt{3}$ は3の平方根だから，2乗すると3

(4) $-\sqrt{11}$ は11の平方根の負の方だから，2乗すると11

(6) $-\sqrt{(-6)^2}=-\sqrt{36}=-\sqrt{6^2}=-6$

❹ (1) $\sqrt{10}<\sqrt{13}$　(2) $6>\sqrt{35}$
(3) $-9<-\sqrt{80}$　(4) $-3>-\sqrt{9.4}$

解き方 2乗して比べます。

(1) $10<13$ だから，$\sqrt{10}<\sqrt{13}$

(2) $6^2=36$，$(\sqrt{35})^2=35$ だから，$\sqrt{36}>\sqrt{35}$

すなわち，$6>\sqrt{35}$

(3) $(-9)^2=81$，$(-\sqrt{80})^2=80$ だから，$\sqrt{81}>\sqrt{80}$

すなわち，$9>\sqrt{80}$　したがって，$-9<-\sqrt{80}$

(4) $(-3)^2=9$，$(-\sqrt{9.4})^2=9.4$ だから，$\sqrt{9}<\sqrt{9.4}$

すなわち，$3<\sqrt{9.4}$　したがって，$-3>-\sqrt{9.4}$

❺ (1) $\sqrt{6}$，$\sqrt{7}$，$\sqrt{8}$　(2) $\sqrt{19}$，$\sqrt{24}$
(3) 10，11，12，13，14，15
(4) 12個

解き方 (1) $2=\sqrt{4}$，$3=\sqrt{9}$ だから，

2と3の間にあるものは $\sqrt{6}$，$\sqrt{7}$，$\sqrt{8}$

(2) $4=\sqrt{16}$，$5=\sqrt{25}$ だから，

4と5の間にあるものは $\sqrt{19}$，$\sqrt{24}$

(3) $3<\sqrt{x}<4$ より，$\sqrt{9}<\sqrt{x}<\sqrt{16}$

したがって，x にあてはまる整数は，

10，11，12，13，14，15

(4) $6<\sqrt{x}<7$ より，$\sqrt{36}<\sqrt{x}<\sqrt{49}$

したがって，x にあてはまる整数は，

37，38，39，40，41，42，43，44，45，46，47，48

だから，12個である。

❻ A $-\sqrt{15}$　B $-\sqrt{8}$　C $\sqrt{\frac{1}{2}}$
D $\sqrt{3}$

解き方 $-\sqrt{16}<-\sqrt{15}<-\sqrt{9}$ より，

$-4<-\sqrt{15}<-3$

$-\sqrt{9}<-\sqrt{8}<-\sqrt{4}$ より，

$-3<-\sqrt{8}<-2$

$0<\frac{1}{2}<1$ より，

$0<\sqrt{\frac{1}{2}}<1$

また，$1<\sqrt{3}<\sqrt{4}\,(=2)$

❼ (1) 10，-7，$\frac{3}{8}$，-0.2
(2) $\sqrt{100}$，$-\sqrt{49}$
(3) $\sqrt{10}$，$3+\sqrt{2}$

解き方 (1) 根号を使わないで表せるものは，

$\sqrt{100}$，$-\sqrt{49}$，$\sqrt{\frac{9}{64}}$，$-\sqrt{0.04}$ で，それぞれ，

10，-7，$\frac{3}{8}$，-0.2 になります。

(2) (1)で選んだもののうち，整数であるものは $\sqrt{100}$ と $-\sqrt{49}$ になります。

(3) $\sqrt{2}$，$\sqrt{3}$，$\sqrt{5}$ のように分数の形で表すことができないものを無理数といいます。

2節 根号をふくむ式の計算

p.14-15 Step 2

❶ (1) $\sqrt{10}$ (2) $\sqrt{30}$ (3) $\sqrt{21}$
(4) $\sqrt{3}$ (5) $\sqrt{7}$ (6) $\sqrt{11}$

解き方 (4) $\dfrac{\sqrt{15}}{\sqrt{5}}=\sqrt{\dfrac{15}{5}}=\sqrt{3}$

(6) $\sqrt{33}\div\sqrt{3}=\dfrac{\sqrt{33}}{\sqrt{3}}=\sqrt{\dfrac{33}{3}}=\sqrt{11}$

❷ (1) $\sqrt{12}$ (2) $\sqrt{54}$ (3) $\sqrt{125}$
(4) $\sqrt{108}$ (5) $10\sqrt{3}$ (6) $7\sqrt{5}$
(7) $\dfrac{\sqrt{11}}{8}$ (8) $\dfrac{\sqrt{7}}{100}$

解き方 (4) $6\sqrt{3}=\sqrt{36}\times\sqrt{3}=\sqrt{36\times3}=\sqrt{108}$

(6) $\sqrt{245}=\sqrt{49\times5}$
$=\sqrt{7^2\times5}=\sqrt{7^2}\times\sqrt{5}=7\sqrt{5}$

(8) $\sqrt{0.0007}=\sqrt{\dfrac{7}{10000}}$
$=\dfrac{\sqrt{7}}{\sqrt{10000}}=\dfrac{\sqrt{7}}{\sqrt{100^2}}=\dfrac{\sqrt{7}}{100}$

❸ (1) $-16\sqrt{3}$ (2) $6\sqrt{35}$ (3) 12
(4) $-2\sqrt{3}$ (5) $4\sqrt{10}$ (6) $2\sqrt{5}$

解き方 根号をふくむ式の計算では，根号の中をできるだけ小さい自然数にします。
除法は，逆数をかけると考えてもよいです。

(1) $-4\sqrt{2}\times\sqrt{24}=-4\times\sqrt{2\times24}$
$=-4\times\sqrt{4^2\times3}=-4\times4\times\sqrt{3}=-16\sqrt{3}$

(3) $(-2\sqrt{3})^2=(-2\sqrt{3})\times(-2\sqrt{3})$
$=2\times2\times\sqrt{3}\times\sqrt{3}=4\times3=12$

(4) $\sqrt{72}\div(-\sqrt{6})=-\sqrt{\dfrac{72}{6}}=-\sqrt{12}=-2\sqrt{3}$

(6) $\sqrt{15}\div\sqrt{6}\times\sqrt{8}=\dfrac{\sqrt{15}\times2\sqrt{2}}{\sqrt{6}}$
$=\dfrac{2\sqrt{30}}{\sqrt{6}}=2\times\sqrt{\dfrac{30}{6}}=2\sqrt{5}$

❹ (1) $\dfrac{2\sqrt{6}}{3}$ (2) $\dfrac{\sqrt{15}}{12}$ (3) $\dfrac{\sqrt{6}}{3}$

解き方 (1) $\dfrac{4}{\sqrt{6}}=\dfrac{4\times\sqrt{6}}{\sqrt{6}\times\sqrt{6}}=\dfrac{4\sqrt{6}}{6}=\dfrac{2\sqrt{6}}{3}$

(3) $\dfrac{2\sqrt{3}}{\sqrt{18}}=\dfrac{2\sqrt{3}}{3\sqrt{2}}=\dfrac{2\sqrt{3}\times\sqrt{2}}{3\sqrt{2}\times\sqrt{2}}=\dfrac{2\sqrt{6}}{6}=\dfrac{\sqrt{6}}{3}$

❺ (1) $3\sqrt{6}$ (2) $-3\sqrt{3}-7\sqrt{2}$
(3) $-2\sqrt{6}+5\sqrt{7}$ (4) $4\sqrt{3}$

解き方 (1) $2\sqrt{6}-3\sqrt{6}+4\sqrt{6}$
$=(2-3+4)\sqrt{6}=3\sqrt{6}$

(2) $2\sqrt{3}-7\sqrt{2}-5\sqrt{3}=2\sqrt{3}-5\sqrt{3}-7\sqrt{2}$
$=(2-5)\sqrt{3}-7\sqrt{2}=-3\sqrt{3}-7\sqrt{2}$

(4) $\sqrt{75}-\sqrt{27}+\sqrt{12}=5\sqrt{3}-3\sqrt{3}+2\sqrt{3}$
$=(5-3+2)\sqrt{3}=4\sqrt{3}$

❻ (1) $3\sqrt{6}-6\sqrt{2}$ (2) $2\sqrt{6}-3$
(3) $-8-2\sqrt{7}$ (4) $6-2\sqrt{5}$
(5) 4 (6) $\dfrac{13\sqrt{5}}{5}$

解き方 (2) $(2\sqrt{18}-\sqrt{27})\div\sqrt{3}$
$=2\sqrt{6}-\sqrt{9}=2\sqrt{6}-3$

(5) $(\sqrt{6}+\sqrt{2})(\sqrt{6}-\sqrt{2})$
$=(\sqrt{6})^2-(\sqrt{2})^2=6-2=4$

(6) $\sqrt{20}+\dfrac{3}{\sqrt{5}}$
$=2\sqrt{5}+\dfrac{3\sqrt{5}}{5}=\dfrac{10\sqrt{5}}{5}+\dfrac{3\sqrt{5}}{5}=\dfrac{13\sqrt{5}}{5}$

❼ 3

解き方 $\sqrt{12}=\sqrt{2\times2\times3}=\sqrt{2^2\times3}=2\sqrt{3}$
$2\sqrt{3}\times\sqrt{a}$ の値ができるだけ小さい自然数になるのは，$a=3$ のときです。

❽ (1) 3 (2) $\sqrt{600}$ の近似値…24.49
$\sqrt{0.006}$ の近似値…0.07746
(3) $\sqrt{2}$ 倍

解き方 (1) $x^2+10x+25=(x+5)^2$
$x=\sqrt{3}-5$ を代入すると，
$(\sqrt{3}-5+5)^2=(\sqrt{3})^2=3$

(2) $\sqrt{600}=10\sqrt{6}=10\times2.449=24.49$
$\sqrt{0.006}=\sqrt{\dfrac{60}{10000}}=\dfrac{\sqrt{60}}{100}=\dfrac{7.746}{100}=0.07746$

(3) $\sqrt{80}\div\sqrt{40}=\sqrt{2}$ (倍)

❾ (1) 2.11×10^2 秒 (2) 1.24×10^3 cm^2
(3) 1.27×10^7 m

解き方 有効数字3けたなので，位の大きい方から3つ目までの数を整数部分が1けたの小数で表します。

p.16-17　Step 3

❶ (1) $\pm\frac{2}{7}$　(2) $-\sqrt{13}$　(3) 0.5　(4) -3　(5) 5
(6) 0.1

❷ (1) $7<4\sqrt{5}$　(2) $-\sqrt{10}>-\sqrt{11}$

❸ ㋐, ㋓, ㋔

❹ (1) $6\sqrt{10}$　(2) 2　(3) $24\sqrt{3}$　(4) $3\sqrt{5}$
(5) $4\sqrt{2}$　(6) $3\sqrt{3}$　(7) $-2\sqrt{5}$　(8) $4\sqrt{2}$

❺ (1) $6-2\sqrt{6}$　(2) $-4\sqrt{2}+2$　(3) $-2-3\sqrt{2}$
(4) $16+6\sqrt{7}$　(5) $10-4\sqrt{6}$　(6) 4　(7) $16\sqrt{5}$

❻ (1) $4\sqrt{2}$　(2) $3\sqrt{7}$

❼ (1) 4, 5, 6, 7　(2) 5
(3) $2\sqrt{5}$ cm

解き方

❶ (1) 平方根には正の数と負の数の 2 つあります。
(3) $\sqrt{0.25}=\sqrt{(0.5)^2}=0.5$
(4) $-\sqrt{3^2}=-3$　負の符号はそのままつきます。
(5) $(-\sqrt{5})^2=(-\sqrt{5})\times(-\sqrt{5})=5$

❷ それぞれの数を 2 乗して比べます。
(1) $7^2=49$, $(4\sqrt{5})^2=80$
$49<80$ より, $7<4\sqrt{5}$
(2) 負の数は, 絶対値が大きい方が小さくなります。

❸ ㋐ $\sqrt{8}=2\sqrt{2}$　㋑ $\sqrt{\frac{9}{16}}=\frac{3}{4}$
㋒ $-\sqrt{0.04}=-0.2$
㋓ π は無理数
㋔ $\sqrt{\frac{1}{5}}=\frac{1}{\sqrt{5}}=\frac{\sqrt{5}}{5}$

❹ (1) $\sqrt{18}\times\sqrt{20}=3\sqrt{2}\times2\sqrt{5}=6\sqrt{10}$
または, 先に根号の中を計算してもかまいません。
$\sqrt{18}\times\sqrt{20}=\sqrt{18\times20}=\sqrt{360}=6\sqrt{10}$
(2) $\sqrt{12}\div\sqrt{3}=\sqrt{\frac{12}{3}}=\sqrt{4}=2$
(4) $\sqrt{27}\div\sqrt{6}\times\sqrt{10}=\sqrt{\frac{27\times10}{6}}=\sqrt{45}=3\sqrt{5}$
(5) $\sqrt{2}+\sqrt{18}=\sqrt{2}+3\sqrt{2}=4\sqrt{2}$
(7) $\sqrt{20}-\sqrt{45}-\sqrt{5}=2\sqrt{5}-3\sqrt{5}-\sqrt{5}$
$=-2\sqrt{5}$
(8) $\sqrt{8}-3\sqrt{2}+\sqrt{50}=2\sqrt{2}-3\sqrt{2}+5\sqrt{2}$
$=4\sqrt{2}$

❺ (1) $\sqrt{2}(\sqrt{18}-\sqrt{12})=\sqrt{2}(3\sqrt{2}-2\sqrt{3})$
$=6-2\sqrt{6}$
(2) $\sqrt{48}=4\sqrt{3}$ として計算します。
$(8\sqrt{6}-\sqrt{48})\div(-2\sqrt{3})$
$=-\frac{8\sqrt{6}}{2\sqrt{3}}+\frac{4\sqrt{3}}{2\sqrt{3}}=-4\sqrt{2}+2$
(3) $(\sqrt{2}+1)(\sqrt{2}-4)$
$=(\sqrt{2})^2+(1-4)\times\sqrt{2}+1\times(-4)$
$=2-3\sqrt{2}-4=-2-3\sqrt{2}$
(6) $(\sqrt{11}+\sqrt{7})(\sqrt{11}-\sqrt{7})$
$=(\sqrt{11})^2-(\sqrt{7})^2=11-7=4$
(7) $(\sqrt{5}+4)^2-(\sqrt{5}-4)^2$
$=\{(\sqrt{5}+4)+(\sqrt{5}-4)\}\times\{(\sqrt{5}+4)-(\sqrt{5}-4)\}$
$=2\sqrt{5}\times8=16\sqrt{5}$

❻ (1) $\sqrt{2}+\frac{6}{\sqrt{2}}=\sqrt{2}+\frac{6\sqrt{2}}{2}=\sqrt{2}+3\sqrt{2}$
$=4\sqrt{2}$
(2) $\frac{21}{\sqrt{7}}-\frac{\sqrt{28}}{2}+\frac{\sqrt{21}}{\sqrt{3}}$
$=\frac{21\sqrt{7}}{7}-\frac{2\sqrt{7}}{2}+\frac{\sqrt{21}\times\sqrt{3}}{3}$
$=3\sqrt{7}-\sqrt{7}+\sqrt{7}=3\sqrt{7}$

❼ (1) 12 から 50 までの数の中で, a^2 の数を見つけると, 16, 25, 36, 49 だから, a は 4, 5, 6, 7
または, $\sqrt{3^2}<\sqrt{12}<\sqrt{4^2}$, $\sqrt{7^2}<\sqrt{50}<\sqrt{8^2}$
だから, a は, 4, 5, 6, 7
(2) 405 を素因数分解すると, $3^4\times5$
$\sqrt{405}\times\sqrt{a}$ の値ができるだけ小さい自然数になるのは, $a=5$ のときです。
(3) 長方形の面積は, $4\times5=20(\text{cm}^2)$
正方形の面積は, 20 cm^2 だから, 1 辺の長さは
$\sqrt{20}$ cm
したがって, $2\sqrt{5}$ cm

3章 2次方程式

1節 2次方程式　2節 2次方程式の活用

p.19-21　**Step 2**

1 ①，③

解き方　式を整理したとき，左辺が x の2次式になるものが，2次方程式になります。

③ $x(x-6)=7$

$x^2-6x-7=0$ … 2次方程式

④ $x^2+8x=(x+2)^2$

$x^2+8x=x^2+4x+4$

$4x-4=0$ … 1次方程式

2 ③

解き方　$x=-2$ を代入して，等式が成り立つか調べます。

① 左辺 $=(-2)^2=4$

右辺 $=2\times(-2)=-4$　×

② 左辺 $=(-2)^2-2=2$　×

③ 左辺 $=(-2)^2+4\times(-2)+4=0$　○

④ 左辺 $=-(-2)^2+4\times(-2)=-12$　×

3 (1) $x=-3$，$x=8$　(2) $x=0$，$x=5$

(3) $x=0$，$x=7$　(4) $x=0$，$x=\dfrac{2}{3}$

(5) $x=-1$，$x=-3$　(6) $x=-4$，$x=12$

(7) $y=-7$，$y=10$　(8) $x=-3$，$x=3$

(9) $x=-4$　(10) $x=3$

解き方　$A\times B=0$ ならば，$A=0$ または $B=0$ であることを利用します。

(1) $x+3=0$ または $x-8=0$

したがって，$x=-3$，$x=8$

(2) $x=0$ または $x-5=0$

したがって，$x=0$，$x=5$

(4) $6x-9x^2=0$　$3x(2-3x)=0$

したがって，$x=0$，$x=\dfrac{2}{3}$

(5) $x^2+4x+3=0$　$(x+1)(x+3)=0$

したがって，$x=-1$，$x=-3$

(8) $x^2-9=0$，$(x+3)(x-3)=0$

したがって，$x=-3$，$x=3$

(9) $x^2+8x+16=0$　$(x+4)^2=0$

したがって，$x=-4$

(10) $2x^2=12x-18$　$2x^2-12x+18=0$，

$2(x^2-6x+9)=0$　$2(x-3)^2=0$

したがって，$x=3$

4 (1) $x=\pm\sqrt{6}$　(2) $x=\pm\sqrt{7}$

(3) $x=4\pm\sqrt{5}$　(4) $x=-3\pm2\sqrt{2}$

解き方　(3) $x-4=M$ とすると，$M^2=5$　$M=\pm\sqrt{5}$

$x-4=\pm\sqrt{5}$　$x=4\pm\sqrt{5}$

5 (1) $x=-1\pm\sqrt{5}$　(2) $x=5$，$x=-1$

(3) $x=3\pm\sqrt{6}$　(4) $x=-5\pm\sqrt{41}$

解き方　(1) $x^2+2x+1^2=4+1^2$

$(x+1)^2=5$

$x+1=\pm\sqrt{5}$

$x=-1\pm\sqrt{5}$

(2) $x^2-4x+2^2=5+2^2$

$(x-2)^2=9$

$x-2=\pm3$

$x=2\pm3$

$x=5$，$x=-1$

(3)　$x^2-6x=-3$

$x^2-6x+3^2=-3+3^2$

$(x-3)^2=6$

$x-3=\pm\sqrt{6}$

$x=3\pm\sqrt{6}$

6 (1) $x=\dfrac{3\pm\sqrt{17}}{2}$　(2) $x=\dfrac{7\pm\sqrt{33}}{2}$

(3) $x=\dfrac{-7\pm\sqrt{37}}{6}$　(4) $x=\dfrac{3}{2}$，$x=-2$

(5) $x=\dfrac{4}{5}$，$x=-1$　(6) $x=\dfrac{5}{3}$

解き方　(4) 解の公式に，$a=2$，$b=1$，$c=-6$ を代入します。

$$x=\frac{-1\pm\sqrt{1^2-4\times2\times(-6)}}{2\times2}$$

$$=\frac{-1\pm\sqrt{49}}{4}$$

$$=\frac{-1\pm7}{4}$$

$$x=\frac{-1+7}{4}=\frac{6}{4}=\frac{3}{2},\quad x=\frac{-1-7}{4}=-2$$

❼ (1) $x=\dfrac{-5\pm\sqrt{13}}{6}$　(2) $x=2$，$x=-6$

(3) $x=2\pm\sqrt{3}$　(4) $x=4$，$x=5$

解き方 式を変形して，解きやすい方法で解きます。

(1) $3x(x+2)=x-1$

$3x^2+6x=x-1$

$3x^2+5x+1=0$

$a=3$，$b=5$，$c=1$ を解の公式に代入します。

$x=\dfrac{-5\pm\sqrt{5^2-4\times3\times1}}{2\times3}=\dfrac{-5\pm\sqrt{13}}{6}$

(4) $x-2$ を M とすると，

$M^2-5M+6=0$

$(M-2)(M-3)=0$

$(x-2-2)(x-2-3)=0$　M を $x-2$ にもどす

$(x-4)(x-5)=0$

$x=4$，$x=5$

❽ a の値…6，もう 1 つの解…1

解き方 $x=5$ を代入すると，

$5^2-5a+5=0$

$-5a+30=0$

$-5a=-30$

$a=6$

もとの方程式に $a=6$ を代入すると，

$x^2-6x+5=0$

$(x-1)(x-5)=0$

$x=1$，$x=5$

したがって，もう 1 つの解は $x=1$

❾ (1) -2，5　(2) 6

解き方 (1) もとの整数を x とすると，$x^2-10=3x$

移項すると，$x^2-3x-10=0$

$(x+2)(x-5)=0$

$x=-2$，$x=5$

これらの解は，どちらも問題にあいます。

(2) ある自然数を x とすると，

$x^2-6=5x$

$x^2-5x-6=0$

$(x+1)(x-6)=0$　$x=-1$，$x=6$

x は自然数だから，$x=-1$ は問題にあいません。

$x=6$ は問題にあいます。

❿ 1 m

解き方 右の図のように，道を移動します。道幅を x m とすると，残りの土地の縦の長さは，$(16-x)$ m，横の長さは，$(24-x)$ m と表せます。

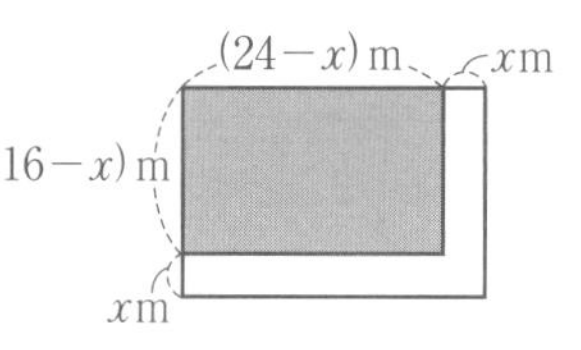

この土地の面積は，

$(16-x)(24-x)=345$

$384-40x+x^2=345$

$x^2-40x+39=0$

$(x-1)(x-39)=0$　$x=1$，$x=39$

道幅は 16 m よりせまいから，$x=39$ は問題にあいません。$x=1$ は問題にあいます。

⓫ 2 cm，6 cm

解き方 AP を x cm とすると，AQ は，$(8-x)$ cm と表されます。

△APQ の面積は，

$\dfrac{1}{2}x(8-x)=6$

$x(8-x)=12$

$8x-x^2=12$

$x^2-8x+12=0$

$(x-2)(x-6)=0$

$x=2$，$x=6$

$0<x<8$ だから，$x=2$ と $x=6$ はどちらも問題にあいます。

⓬ 32 cm

解き方 右の図のように，直方体の底面の正方形の 1 辺を x cm とします。

直方体の容積は，

$x\times x\times6=2400$

$x^2=400$　$x=\pm20$

$x>0$ だから，$x=-20$ は問題にあいません。

$x=20$ は問題にあいます。

したがって，厚紙の 1 辺の長さは，

$20+6+6=32$(cm)

p.22-23 Step 3

1 ③

2 (1) $x=2$，$x=-3$ (2) $x=-1$，$x=-3$

(3) $x=0$，$x=-7$ (4) $x=1$，$x=-2$

3 (1) $x=\pm\sqrt{6}$ (2) $x=-4\pm\sqrt{6}$

4 (1) ア -2 イ 4 ウ 2 エ 2 オ $\sqrt{2}$

カ $-2\pm\sqrt{2}$

(2) ア $\dfrac{9}{4}$ イ $\dfrac{3}{2}$ ウ $\dfrac{29}{4}$ エ $\dfrac{\sqrt{29}}{2}$

オ $\dfrac{3\pm\sqrt{29}}{2}$

5 (1) $x=\dfrac{5\pm\sqrt{21}}{2}$ (2) $x=\dfrac{3\pm3\sqrt{5}}{2}$

(3) $x=\dfrac{2\pm\sqrt{7}}{3}$ (4) $x=\dfrac{1}{2}$，$x=-3$

6 (1) $x=\dfrac{1}{2}$，$x=-\dfrac{2}{5}$ (2) $x=\dfrac{1\pm\sqrt{19}}{3}$

(3) $x=6\pm\sqrt{10}$ (4) $x=1$，$x=2$

7 (1) a の値 6 もう 1 つの解 -8

(2) a の値 -2 b の値 -8

8 (1) 12 と 5 (2) 4 cm

解き方

1 $x=2$ を代入して，等式が成り立つか調べます。

① 左辺$=2^2+2\times2-1=7$

② 左辺$=2^2-7\times2+2=-8$

2 因数分解を使って 2 次方程式を解きます。

(2) $(x+1)(x+3)=0$ $x=-1$，$x=-3$

(3) $x(x+7)=0$ $x=0$，$x=-7$

(4) $x^2+x-6=-4$ $x^2+x-2=0$

$(x-1)(x+2)=0$ $x=1$，$x=-2$

3 平方根の考え方を使って解きます。

(1) $2x^2=12$ $x^2=6$ $x=\pm\sqrt{6}$

(2) $(x+4)^2=6$ $x+4=\pm\sqrt{6}$ $x=-4\pm\sqrt{6}$

4 (1) イには x の係数の半分の 2 乗がはいります。

(2)

$$x^2-3x-5=0$$

$$x^2-3x=5$$

$$x^2-3x+\left(\frac{3}{2}\right)^2=5+\left(\frac{3}{2}\right)^2$$

$$\left(x-\frac{3}{2}\right)^2=\frac{29}{4}$$

$$x-\frac{3}{2}=\pm\frac{\sqrt{29}}{2} \quad x=\frac{3\pm\sqrt{29}}{2}$$

5 (1) $x=\dfrac{-(-5)\pm\sqrt{(-5)^2-4\times1\times1}}{2\times1}$

$=\dfrac{5\pm\sqrt{21}}{2}$

(2) $x=\dfrac{-(-3)\pm\sqrt{(-3)^2-4\times1\times(-9)}}{2\times1}$

$=\dfrac{3\pm\sqrt{45}}{2}=\dfrac{3\pm3\sqrt{5}}{2}$

(3) $x=\dfrac{-(-4)\pm\sqrt{(-4)^2-4\times3\times(-1)}}{2\times3}$

$=\dfrac{4\pm\sqrt{28}}{6}=\dfrac{4\pm2\sqrt{7}}{6}=\dfrac{2\pm\sqrt{7}}{3}$

(4) $x=\dfrac{-5\pm\sqrt{5^2-4\times2\times(-3)}}{2\times2}=\dfrac{-5\pm\sqrt{49}}{4}$

$x=\dfrac{-5+7}{4}=\dfrac{1}{2}$，$x=\dfrac{-5-7}{4}=-3$

6 式を整理して，$ax^2+bx+c=0$ の形にします。

(1)(2) 解の公式を使います。

(1) 両辺を 10 倍すると，$10x^2-x-2=0$

(2) 両辺を 6 倍して整理すると，$3x^2-2x-6=0$

(3) $3(x-6)^2=30$ $(x-6)^2=10$

$x-6=\pm\sqrt{10}$ $x=6\pm\sqrt{10}$

(4) 整理すると，$x^2-3x+2=0$

$(x-1)(x-2)=0$ $x=1$，$x=2$

7 (1) $x=2$ を代入すると，$a=6$

$x^2+6x-16=0$ より，$(x-2)(x+8)=0$

$x=2$，$x=-8$

(2) $x^2+ax+b=0$ に，$x=-2$ と $x=4$ をそれぞれ代入すると，

$$\begin{cases}4-2a+b=0\\16+4a+b=0\end{cases}$$

これらを連立方程式として解きます。

8 (1) 大きい数を x とすると，小さい数は $x-7$ になります。$x(x-7)=60$

$x^2-7x-60=0$ $(x+5)(x-12)=0$

$x=-5$，$x=12$ x は正の整数だから，$x=-5$ は問題にあいません。$x=12$ は問題にあいます。

(2) 長方形の横の辺の長さを x cm とすると，縦の辺の長さは，$(18-x)$ cm となります。

$x(18-x)=56$，$x^2-18x+56=0$，

$(x-4)(x-14)=0$，$x=4$，$x=14$

$0<x<18$ だから，$x=4$ と $x=14$ はどちらも問題にあいます。短い方の辺は，4 cm です。

4章 関数 $y=ax^2$

1節 関数 $y=ax^2$

p.25-27 **Step 2**

❶ ②，⑤，⑥

解き方 $y=ax^2$ で表されるものをすべて選びます。

❷ (1) $y=2\pi x^2$　　(2) 4倍

(3) もとの円錐の体積の $\frac{1}{4}$ 倍になる。

解き方 半径 r，高さ h の円錐の体積 V は，

$V=\frac{1}{3}\times\pi r^2\times h$

(1) $y=\frac{1}{3}\times\pi x^2\times 6$

$=2\pi x^2$

(2) 関数 $y=ax^2$ では，x の値が2倍になると，y の値は 2^2 倍になります。

(3) 関数 $y=ax^2$ では，x の値が $\frac{1}{2}$ 倍になると，y の値は $\left(\frac{1}{2}\right)^2$ 倍になります。

❸ (1) 4　　(2) $y=4x^2$　　(3) 36

解き方 (1) 求める関数を $y=ax^2$ として，x，y の値を代入します。

$x=2$ のとき，$y=16$ だから，

$16=a\times 2^2$

$16=4a$

$a=4$

(2) (1)より，$y=4x^2$

(3) $y=4x^2$ の式に，$x=-3$ を代入すると，

$y=4\times(-3)^2=36$

❹

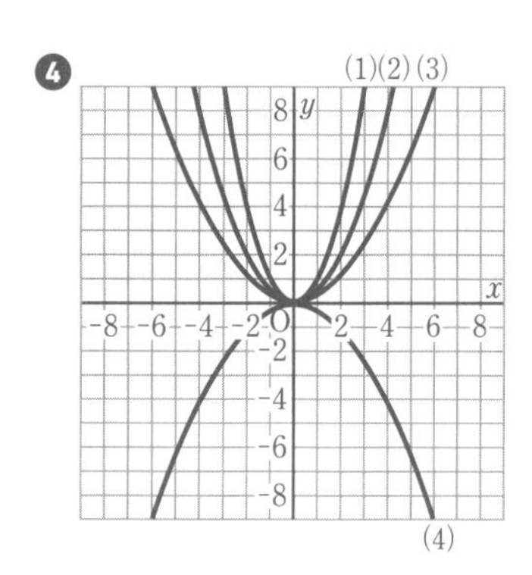

解き方 わかりやすい x と y の値の組をいくつかとって，なめらかな曲線で結びます。

(1) $y=x^2$

x	…	-3	-2	-1	0	1	2	3	…
y	…	9	4	1	0	1	4	9	…

(2) $y=\frac{1}{2}x^2$

x	…	-3	-2	-1	0	1	2	3	…
y	…	$\frac{9}{2}$	2	$\frac{1}{2}$	0	$\frac{1}{2}$	2	$\frac{9}{2}$	…

(3) $y=\frac{1}{4}x^2$

x	…	-6	-4	-2	0	2	4	6	…
y	…	9	4	1	0	1	4	9	…

(4) $y=-\frac{1}{4}x^2$

x	…	-6	-4	-2	0	2	4	6	…
y	…	-9	-4	-1	0	-1	-4	-9	…

上の表より，(4)のグラフは，(3)のグラフと x 軸について対称なグラフになります。

❺ (1) ㋑　　(2) ㋓　　(3) ㋐　　(4) ㋒

解き方 $y=ax^2$ のグラフは，$a>0$ のときは上に開き，$a<0$ のときは下に開きます。

また，a の絶対値が大きいほど，グラフの開き方が小さくなります。

(1)，(3) $\frac{3}{2}>0$，$1>0$ より，㋐か㋑

$\frac{3}{2}>1$ より，

(1)が㋑，(3)が㋐

(2)，(4) $-2<0$，$-\frac{1}{2}<0$ より，㋒か㋓

$2>\frac{1}{2}$ より，

(2)が㋓，(4)が㋒

であると判断できます。

❻ (1) $a=\frac{1}{3}$　(2) $b=-1$　(3) $y=-\frac{1}{3}x^2$

解き方 (1) $(-3,\ 3)$ を通るから,

$3=a\times(-3)^2,\ 3=9a$

$a=\frac{1}{3}$

(3) (1)より, ①のグラフは $y=\frac{1}{3}x^2$ のグラフだから,

このグラフと x 軸について対称なグラフの式は,

$y=-\frac{1}{3}x^2$

❼ (1) $36\leqq y\leqq 144$　(2) $0\leqq y\leqq 16$

解き方 (1)

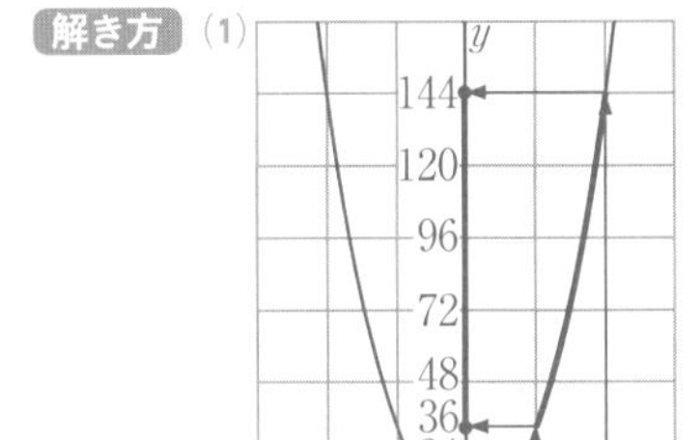

関数 $y=4x^2$ で, x の変域が $3\leqq x\leqq 6$ のとき, グラフは, 上の図の太い線の部分だから,

y は, $x=3$ のとき, $y=4\times3^2=36$

　　$x=6$ のとき, $y=4\times6^2=144$

をとることがわかります。

したがって, 求める y の変域は, $36\leqq y\leqq 144$

(2)

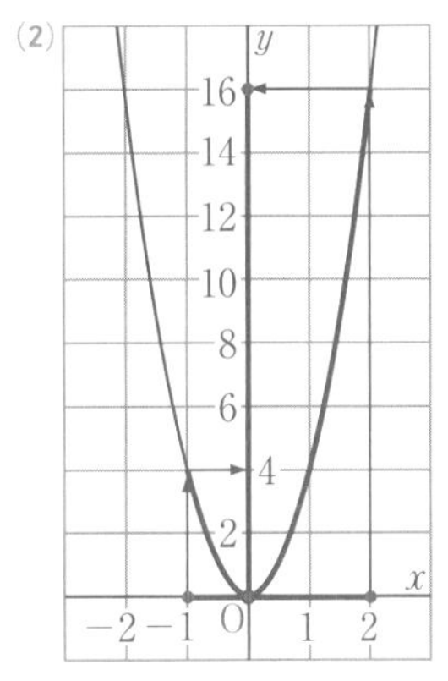

関数 $y=4x^2$ で, x の変域が $-1\leqq x\leqq 2$ のとき, グラフは, 上の図の太い線の部分だから,

y は, $x=0$ のとき, 0

　　$x=2$ のとき, $y=4\times2^2=16$

をとることがわかります。

したがって, 求める y の変域は, $0\leqq y\leqq 16$

❽ (1)

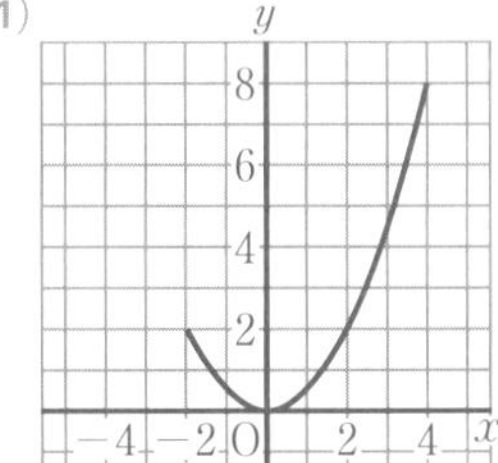

(2) $0\leqq y\leqq 8$

解き方 (1) $x=-2$ のとき $y=2$, $x=4$ のとき $y=8$ など, わかりやすい x と y の値の組をいくつかとって, なめらかな曲線で結びます。

(2) (1)のグラフから y の変域は $0\leqq y\leqq 8$ とわかります。

❾ (1) 1　(2) -3

解き方 (1) $y=\frac{1}{4}x^2$ で, $x=1$ のとき, $y=\frac{1}{4}$,

$x=3$ のとき, $y=\frac{9}{4}$ だから,

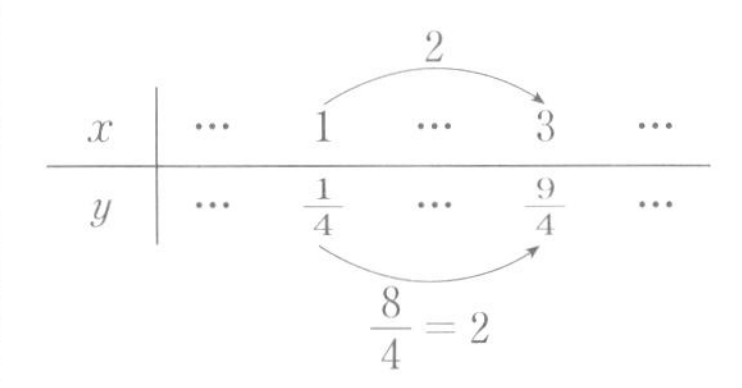

x	…	1	…	3	…
y	…	$\frac{1}{4}$	…	$\frac{9}{4}$	…

x の値が 1 から 3 まで増加するとき,

x の増加量は, $3-1=2$

y の増加量は, $\frac{9}{4}-\frac{1}{4}=\frac{8}{4}=2$

よって, 変化の割合は,

$\frac{(y\text{の増加量})}{(x\text{の増加量})}=\frac{2}{2}=1$

2節 関数の活用

p.29 **Step 2**

❶ 3秒後まで…秒速 6 m

　4秒後から6秒後まで…秒速 20 m

解き方 3秒後までの平均の速さは,

$\frac{18-0}{3-0}=\frac{18}{3}=6(\mathrm{m})$

4秒後から6秒後までの平均の速さは,

$\frac{72-32}{6-4}=\frac{40}{2}=20(\mathrm{m})$

❷ (1) A$(-3,\ 9)$, B$(2,\ 4)$

　(2) $y=-x+6$

解き方 (1) 点Aは関数 $y=x^2$ のグラフ上の点だから,

$x=-3$ のとき, $y=(-3)^2=9$

したがって, 点Aの座標は $(-3,\ 9)$

同様に, $x=2$ のとき, $y=2^2=4$

したがって, 点Bの座標は $(2,\ 4)$

(2) 2点 $(-3,\ 9)$, $(2,\ 4)$ を通る直線の式を求めます。

求める直線の式を $y=ax+b$ とします。

$x=-3$, $y=9$ と $x=2$, $y=4$ をそれぞれ代入し, 連立方程式として解くと,

$a=-1$, $b=6$

したがって, 求める直線の式は, $y=-x+6$

❸ (1) いえる。

　(2)

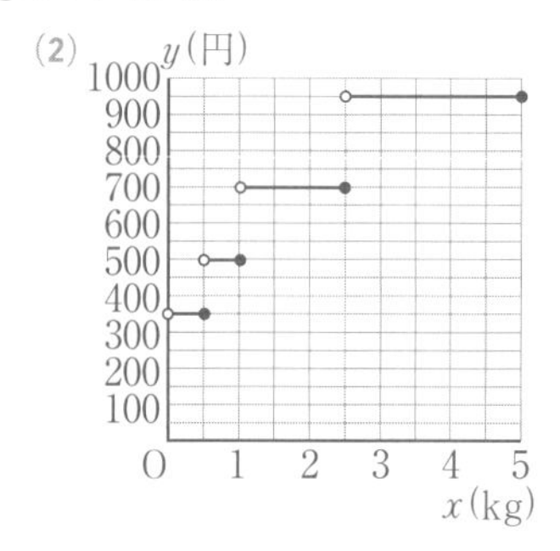

　(3) 2.5 kg

解き方 (1) 重量が決まれば, 料金も決まるので, y は x の関数であるといえます。

(2) 例えば, 0.5 kg までのときは350円なので, x の値が0から0.5までの y の値は350だから, $y=350$ の直線をひきます。$x=0$ のところは ◦ で表し, $x=0.5$ のところは • で表します。

0.5 kg から 1 kg までは500円で, x の値が0.5から1までの y の値は500だから, $y=500$ の直線をひきます。$x=0.5$ のときは350円だったので, $x=0.5$ のところは ◦ で表し, $x=1$ のところは • で表します。

(3) $1<x\leqq 2.5$ のとき, $y=700$

　$2.5<x\leqq 5$ のとき, $y=950$

より, 重量が 2.5 kg をこえると, 料金は950円になるので, 800円以下で送ることができるのは, 最大で 2.5 kg となります。

p.30-31 Step 3

❶ (1) ア $y=\frac{1}{2}\pi x^2$　イ $y=4x$

ウ $y=2x^2$　エ $y=1000-5x$

(2) ア，ウ

❷ (1) $y=-2x^2$　(2) -6　(3) $a=\frac{3}{2}$

❸ (1) $y=4.9x^2$　(2) 490 m　(3) 2 秒

❹ (1) $y=x^2$

(2) x の変域 $0 \leqq x \leqq 5$

y の変域 $0 \leqq y \leqq 25$

(3)

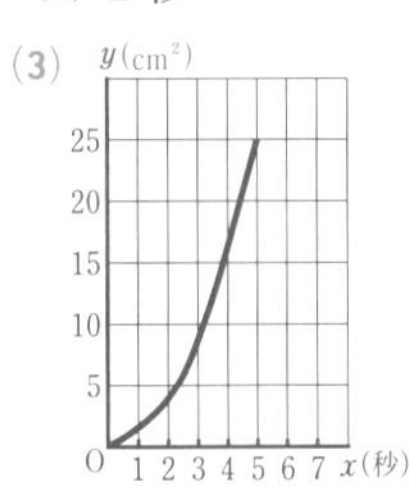

❺ 20 秒後

❻ (1) A (2, 4)　B (−1, 1)

(2) $y=x+2$

解き方

❶ (2) $y=ax^2$ の形になる式を選びます。

❷ (1) $y=ax^2$ に $x=3$，$y=-18$ を代入して，a の値を求めます。

(2) $(\text{変化の割合})=\frac{(y\text{の増加量})}{(x\text{の増加量})}$

$=\frac{-16-(-4)}{4-2}$

$=\frac{-12}{2}=-6$

(3) $\frac{9a-a}{3-1}=6$，$\frac{8a}{2}=6$，$a=\frac{3}{2}$

❸ (1) x の 2 乗に比例する式は，$y=ax^2$

a は比例定数。

(2) $x=10$ のときの y の値を求めます。

$y=4.9\times10^2=490$

(3) $y=19.6$ のときの x の値を求めます。

$19.6=4.9x^2$，$x=\pm2$　$x>0$ より，$x=2$

❹ (1) x 秒後の BP の長さは，$2x$ cm，BQ の長さは，x cm

$y=\frac{1}{2}\times x\times 2x=x^2$

(2) 点 P が点 A に到着するのは，

$10\div2=5$(秒後)

このときの y の値は，$y=5^2=25$

(3)

x	1	2	3	4	5
y	1	4	9	16	25

これをグラフに表します。

❺ 電車①と電車②がすれちがうのは，関数 $y=\frac{1}{4}x^2$ のグラフと，直線のグラフが交わっている点です。つまり，2 つのグラフの交点の座標を読みとればわかります。

グラフから，電車①が A 駅を出発するのと，電車②が A 駅から 500 m の地点を通過するのは同時であることがわかります。交点の座標は，(20, 100) なので，すれちがうのは 20 秒後です。

❻ (1) 2 点 A，B は関数 $y=x^2$ のグラフ上の点だから，$y=x^2$ に x の値をそれぞれ代入して求めます。

$x=2$ のとき，$y=2^2$

$=4$

点 A の座標は，(2, 4)

$x=-1$ のとき，$y=(-1)^2$

$=1$

点 B の座標は，(−1, 1)

(2) 2 点 A，B を通る直線の式を $y=ax+b$ とおくと，

$\begin{cases}4=2a+b\\1=-a+b\end{cases}$

この連立方程式を解いて，$a=1$，$b=2$

したがって，2 点 A，B を通る直線の式は，

$y=x+2$

5章 相似な図形

1節 相似な図形

p.33-34 **Step 2**

❶ (1) 辺 EF　(2) 65°

(3) 2：3

解き方 四角形 A B C D

四角形 E F G H

(1) 辺 AB に対応しているのは，辺 EF

(2) ∠F に対応しているのは，∠B

∠E に対応するのが ∠A，∠G に対応するのが ∠C だから，

$\angle F = 360^\circ - (80^\circ + 80^\circ + 135^\circ)$

$= 65^\circ$

(3) 対応する辺の長さの比が相似比になります。

四角形 ABCD で，辺 DC＝8 cm

四角形 EFGH で，辺 HG＝12 cm

相似比は，DC：HG＝8：12＝2：3

❷ (1)

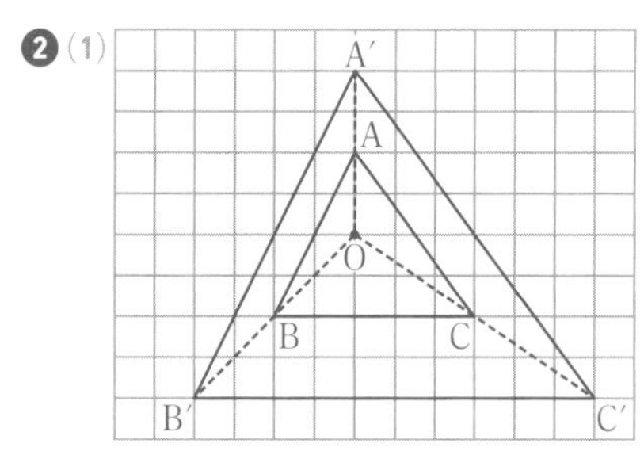

(2)

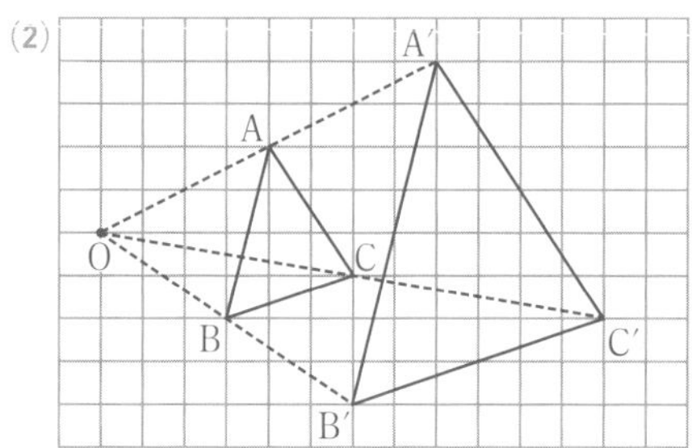

解き方 半直線 OA，OB，OC 上に，OA′＝2OA，OB′＝2OB，OC′＝2OC となるように点 A′，B′，C′ をとって，△A′B′C′ をかきます。

この △ABC と △A′B′C′ のように，2つの図形の対応する点がすべて点 O を通る直線上にあり，O から対応する点までの長さの比がすべて等しいとき，2つの図形は相似の位置にあるといい，点 O を相似の中心といいます。

❸ $x = 6.4$，$y = 4.8$

解き方 △ABD∽△CBA（2組の角がそれぞれ等しい。）より，辺 AB と CB，BD と BA，DA と AC がそれぞれ対応します。

対応する辺で，辺の比がわかっている

AB：CB＝8：10

をもとにして，比の性質を利用します。

対応する辺の比は，

BD：BA＝AB：CB

$x : 8 = 8 : 10$

$10x = 64$

$x = 6.4$

AD：CA＝AB：CB

$y : 6 = 8 : 10$

$10y = 48$

$y = 4.8$

❹ 5.5 m

解き方 右の図で，AC∥LN と考えられるので，△ABC∽△LMN（2組の角がそれぞれ等しい。）といえます。

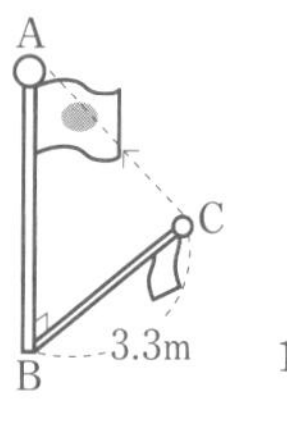

つまり，AB の影の長さと，LM の影の長さの比は，AB と LM の長さの比に等しくなります。

したがって，AB：LM＝BC：MN

AB＝x m とすると，

$x : 1 = 3.3 : 0.6$

$0.6x = 3.3$

$x = 5.5$

▶ 本文 p.34

5 ① 相似な三角形　△ABC∽△ONM
相似条件　3 組の辺の比がすべて等しい。
② 相似な三角形　△DEF∽△QRP
相似条件　2 組の角がそれぞれ等しい。
③ 相似な三角形　△GHI∽△LJK
相似条件　2 組の辺の比とその間の角がそれぞれ等しい。
（順不同）

解き方 形が似ていると思われる図形については，向きを変えてみるとわかりやすくなります。
① △ABC　AB＝5 cm　BC＝4 cm　CA＝3 cm
△ONM　ON＝10 cm　NM＝8 cm　MO＝6 cm
AB：ON＝BC：NM＝CA：MO
② △DEF　∠E＝60°　∠F＝40°
△QRP　∠R＝60°
∠P＝180°－(80°＋60°)＝40°
∠E＝∠R　∠F＝∠P
③ △GHI　GI＝4.5 cm　IH＝6 cm
∠I＝50°
△LJK　LK＝3 cm　KJ＝4 cm
∠K＝50°
GI：LK＝IH：KJ　∠I＝∠K

6 (例) △ABC と △DBE において，
仮定から，∠ACB＝∠DEB＝90°……①
また，∠B は共通……②
①，②より，2 組の角がそれぞれ等しいから，
△ABC∽△DBE

解き方 ∠B が共通の角であることがポイントになります。
2 組の角の大きさがそれぞれ等しいだけで相似条件を満たすので，D の位置には関係なく，2 つの直角三角形は相似になります。

7 (例) △ABC と △AED において，
AB：AE＝6：3＝2：1……①
AC：AD＝8：4＝2：1……②
①，②より，AB：AE＝AC：AD……③
また，∠A は共通……④
③，④より，
2 組の辺の比とその間の角がそれぞれ等しいから，
△ABC∽△AED

解き方 どの三角形の相似条件があてはまるかを考えます。2 組の辺の長さがわかっていることと，∠A が共通であることから，相似条件がわかります。
証明をかくとき，△AED の図を △ABC の図と同じ向きにかくと，対応する頂点がわかりやすくなります。

8 約 28 m

解き方 縮尺 $\frac{1}{1000}$ の縮図を △A′P′B′ とすると，
20 m＝2000 cm，24 m＝2400 cm だから，
$A'P' = 2000 \times \frac{1}{1000} = 2\text{(cm)}$
$B'P' = 2400 \times \frac{1}{1000} = 2.4\text{(cm)}$
∠A′P′B′＝78°
の縮図 △A′P′B′ をかき，A′B′ の長さを測ればわかります。

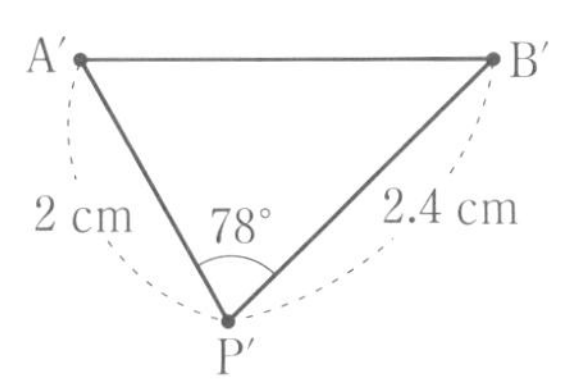

縮図 △A′P′B′ は上の図のようになり，A′B′ の長さを測ると，約 2.8 cm です。このとき，△A′P′B′∽△APB で，相似比が 1：1000 だから，2 地点 A，B 間の距離は，2.8×1000＝2800(cm) より，約 28 m とわかります。

2節 平行線と線分の比

p.36-37 Step 2

❶ (1) $x=4$，$y=13.5$

(2) $x=6.4$，$y=9$

解き方 (1) AP：PB＝AQ：QC

$8:x=(15-5):5$

$10x=8\times5$

$x=4$

AQ：AC＝PQ：BC

$(15-5):15=9:y$

$10y=15\times9$

$y=13.5$

(2) AP：AC＝PQ：CB

$x:8=8:10$

$10x=8\times8$

$x=6.4$

AQ：AB＝PQ：CB

$7.2:y=8:10$

$8y=7.2\times10$

$y=9$

❷ ED∥AB

理由…CE：EA＝24：16＝3：2……①

CD：DB＝30：20＝3：2……②

①，②より，CE：EA＝CD：DB

したがって，ED∥AB

解き方 AF：FB＝14：(30－14)＝7：8……㋐

AE：EC＝16：24＝2：3　……㋑

㋐，㋑より，AF：FB と AE：EC は等しくないので，FE と BC は平行ではありません。

BF：FA＝(30－14)：14＝8：7……㋒

BD：DC＝20：30＝2：3　……㋓

㋒，㋓より，BF：FA と BD：DC は等しくないので，DF と CA は平行ではありません。

CE：EA＝24：16＝3：2……㋔

CD：DB＝30：20＝3：2……㋕

㋔，㋕より，CE：EA＝CD：DB だから，

△ABC の辺に平行なものは ED で，

ED∥AB

❸ (1) $x=3$

(2) $x=\dfrac{25}{3}$，$y=\dfrac{8}{5}$

解き方 (1) $2:4=1.5:x$ より，

$2x=6$

$x=3$

(2) $3:(3+2)=5:x$ より，

$3x=25$

$x=\dfrac{25}{3}$

右の図で，直線 ℓ，m，n は平行だから，

DE：EF

＝AB：BC

＝3：2

よって，$y:4$＝FE：FD

$=2:(2+3)$

$5y=8$

$y=\dfrac{8}{5}$

❹ (例) AB∥CE より，錯角は等しいから，

∠BAE＝∠AEC　……①

仮定から，∠BAE＝∠EAC……②

①，②より，∠AEC＝∠EAC

したがって，△CAE は二等辺三角形だから，

AC＝EC　……③

また，AB∥CE より，

AB：EC＝BD：CD……④

したがって，③，④より，AB：AC＝BD：DC

解き方 AB∥CE から，平行線の錯角は等しいという平行線の性質と，仮定から，△CAE は2つの角が等しいことがわかり，二等辺三角形であることがいえ，AC＝EC を示します。

AC＝EC を使って，AB：AC＝BD：DC であることを証明します。

▶本文 p.37

❺ (1) $x=17.5$
(2) $x=12$

解き方 ❹で証明した，AB：AC＝BD：DC を使って求めます。

(1) $20:12=x:10.5$
$12x=20\times10.5$
$x=17.5$
また，$20:12=5:3$ だから，
$5:3=x:10.5$
$3x=5\times10.5$
$x=17.5$
と求めることもできます。

(2) $24:18=x:(21-x)$
$18x=24(21-x)$
$3x=4(21-x)$
$3x=84-4x$
$7x=84$
$x=12$

❻ EC＝6 cm
DG＝12 cm

解き方 △AEC において，
AD＝DE，AF＝FC より，
中点連結定理から，
DF∥EC …①
EC＝2DF…②
よって，②から，
EC＝2DF＝2×3
＝6(cm)
また，△BDG において，
仮定から，BE＝ED
①から，DF∥EC より，
DG∥EC
よって，BC＝CG
したがって，中点連結定理から，
DG＝2EC＝2×6
＝12(cm)

❼ 6 cm

解き方 △ABC において，
AE＝EB，AF＝FC より，
中点連結定理から，
EF∥BC
$\mathrm{EF}=\dfrac{1}{2}\mathrm{BC}$
仮定より，$\mathrm{CD}=\dfrac{1}{3}\mathrm{BC}$ だから，

$$\mathrm{EF}:\mathrm{CD}=\frac{1}{2}\mathrm{BC}:\frac{1}{3}\mathrm{BC}$$
$$=\frac{3}{6}\mathrm{BC}:\frac{2}{6}\mathrm{BC}$$
$$=3:2$$

EG＝x cm とすると，
EG：CG＝EF：CD から，
$x:4=3:2$
$2x=12$
$x=6$
したがって，EG の長さは 6 cm

❽ (例)仮定から，AB＝DC……①
△ABD において，点 P，R はそれぞれ辺 AD，BD の中点だから，
$\mathrm{PR}=\dfrac{1}{2}\mathrm{AB}$ ……②
△BCD において，点 R，Q はそれぞれ辺 BD，BC の中点だから，
$\mathrm{RQ}=\dfrac{1}{2}\mathrm{DC}$ ……③
①，②，③より，PR＝RQ
したがって，△PQR は二等辺三角形である。

解き方 等しい辺に同じ印をつけると，右の図のようになります。

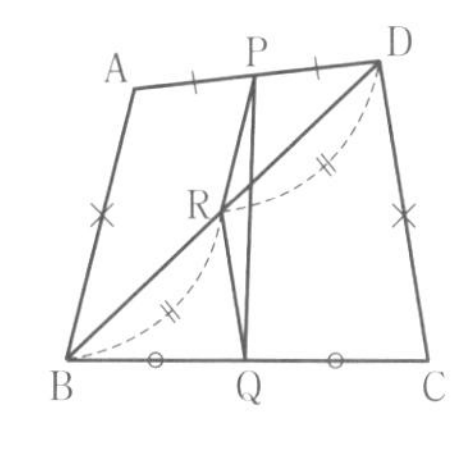

△ABD と △BCD において，それぞれ中点連結定理を使います。
二等辺三角形であることを証明するためには，2 つの辺が等しいことか，2 つの角が等しいことがいえればよいです。

3節 相似な図形の面積比と体積比

p.39 **Step 2**

1 (1) ① 9：25

② 9：16

(2) △ADE… 18 cm^2，台形 DBCE… 32 cm^2

解き方 (1) 右の図で，

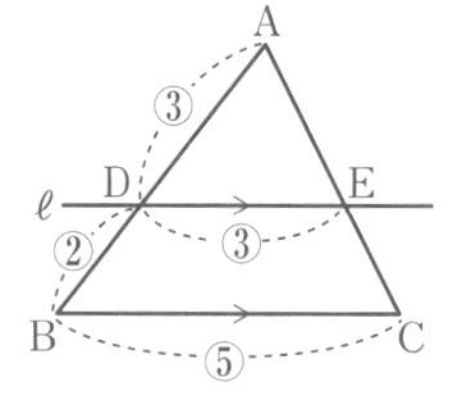

DE∥BC だから，

△ADE∽△ABC

です。

① △ADE∽△ABC で，

AD：DB＝3：2 だから，

その相似比は，

AD：AB＝AD：(AD＋DB)

＝3：(3＋2)

＝3：5

相似な三角形の面積比は，相似比の 2 乗に等しいので，

△ADE と △ABC の面積比は，

△ADE：△ABC＝3^2：5^2

＝9：25

② 台形 DBCE の面積は，

△ABC－△ADE だから，

△ADE：台形 DBCE

＝△ADE：(△ABC－△ADE)

①より，△ABC＝25，△ADE＝9 とすると，

△ADE：台形 DBCE

＝9：(25－9)

＝9：16

(2) △ADE の面積を x cm^2 とすると，

△ADE：△ABC＝9：25 より，

x：50＝9：25

$25x$＝450

x＝18

台形 DBCE＝△ABC－△ADE

＝50－18

＝32(cm^2)

また，(1)より，△ABC：台形 DBCE＝25：16

したがって，台形DBCE＝$\frac{16}{25}$△ABC

$=\frac{16}{25}\times 50$

＝32(cm^2)

と求めることもできます。

2 (1) 9：25

(2) 27：125

解き方 右の図のような，相似な 2 つの円柱 P，Q では，平面の場合と同様に対応する線分の長さの比は等しく，この比が相似比となります。P と Q の相似比は，

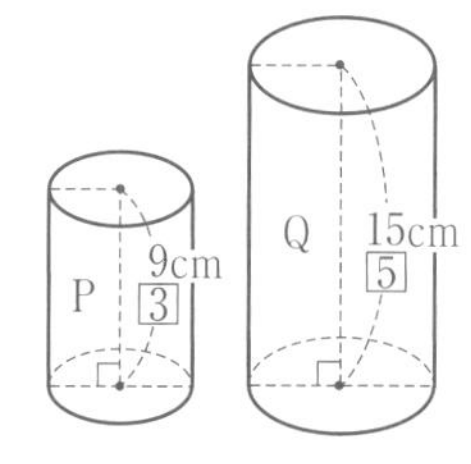

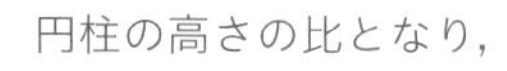
円柱の高さの比となり，

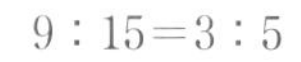
9：15＝3：5

となります。

(1) 相似な立体の表面積の比は，相似比の 2 乗に等しいので，

3^2：5^2＝9：25

(2) 相似な立体の体積比は，相似比の3乗に等しいので，

3^3：5^3＝27：125

▶本文 p.39

❸ (1) 1：3

(2) 1：19

解き方 Aの円錐と，A＋Bの円錐と，A＋B＋Cの円錐で考えます。

3つの円錐は，それぞれ相似なので，相似比は，円錐の高さの比から，

A：A＋B＝1：(1＋1)＝1：2

A：A＋B＋C＝1：(1＋1＋1)＝1：3

になります。

(1) 高さを3等分した立体は，右の図のようになります。

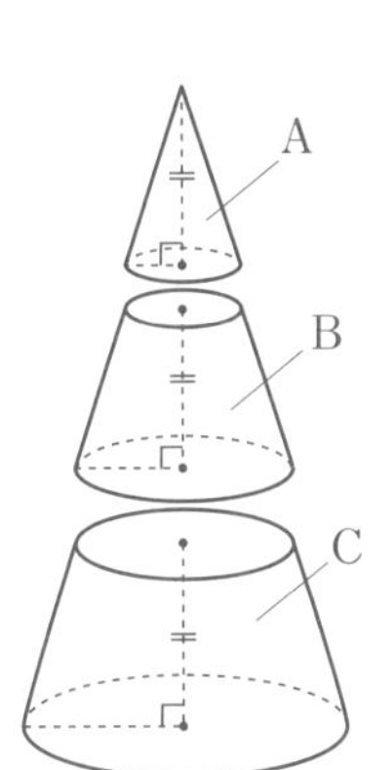

側面積の比は，面積比と同じなので，相似比の2乗に等しくなります。

A：A＋B＝1：2より，

側面積の比は，

$A^2 : (A+B)^2$

$=1^2 : 2^2$

＝1：4

になります。

このことから，立体Aと立体Bの側面積の比は，

A：B

＝A：(A＋B－A)

＝1：(4－1)

＝1：3

(2) 体積比は，相似比の3乗に等しいことから，

$A^3 : (A+B)^3$

$=1^3 : 2^3$

＝1：8

$A^3 : (A+B+C)^3$

$=1^3 : 3^3$

＝1：27

になります。

このことから，立体Aと立体Cの体積比は，

A：C

＝A：{A＋B＋C－(A＋B)}

＝1：(27－8)

＝1：19

になります。

注意 相似比を，A：B＝1：1，A：C＝1：1としないようにします。立体Aと立体Bと立体Cは相似な立体ではないので，A，A＋B，A＋B＋Cと円錐の形にして相似比を求めるようにします。

❹ 大のカステラを1個買う方が割安である。

解き方 大小2種類のカステラを大小2種類の直方体と考えます。この2種類の直方体は相似で，相似比は1.6：1だから，

相似比　(大)：(小)＝1.6：1

＝8：5

体積比　(大)：(小)＝$8^3 : 5^3$

＝512：125

大1個分と小4個分の金額(250×4＝1000(円))が同じだから，多くの量を買える方が割安です。

大1個分と小4個分の体積比は，

512×1：125×4＝512：500

つまり，大1個分の体積の方が，小4個分の体積より大きいことがわかります。

したがって，大のカステラを1個買う方が割安です。

p.40-41 **Step 3**

❶ (1) AE

(2) (例) △ABC と △ADE において,

△ABD∽△ACE から,

AB : AD＝AC : AE……①

仮定から, ∠BAD＝∠CAE

また, ∠BAC＝∠BAD＋∠DAC

∠DAE＝∠CAE＋∠DAC

したがって, ∠BAC＝∠DAE……②

①, ②より, 2 組の辺の比とその間の角がそれぞれ等しいから,

△ABC∽△ADE

(3) 30°

❷ B 地点 約 1.5 km　C 地点 約 1.25 km

❸ 3 cm

❹ $\frac{3}{2}$ cm

❺ (1) 3 cm　(2) 22°　(3) 1 : 3

❻ 45 cm^2

❼ (1) 81 cm^2　(2) ① 9 cm^2　② 84 cm^3

解き方

❶ (2) (1)より, AB : AC＝AD : AE だから,

AB : AD＝AC : AE

∠BAC と ∠DAE については,

∠DAC が共通で, ∠BAD と ∠CAE が等しいことから, ∠BAC＝∠DAE がいえます。

(3) △ABD∽△ACE だから, ∠BAD＝∠CAE＝30°

△ABC∽△ADE より,

∠ABC＝∠ADE…①

△ABD の内角と外角の性質より,

∠ABD＋∠BAD＝∠ADC

したがって, ∠ABD＋30°＝∠ADC…②

また, ∠ADE＋∠EDC＝∠ADC…③

①～③より, ∠EDC＝30°

❷ 実際に測った長さを 50000 倍して求めます。

B 地点 3(cm)×50000＝150000(cm)＝1.5(km)

C 地点 2.5(cm)×50000＝125000(cm)＝1.25(km)

❸ AE : DE＝AB : DC

AE : 2＝6 : 4

AE＝3(cm)

❹ 線分 PQ を延長して, AB との交点を R とします。

△ABC で中点連結定理より,

$PR=\frac{1}{2}BC=\frac{5}{2}(cm)$

△ABD で中点連結定理より,

$QR=\frac{1}{2}AD=1(cm)$

したがって, $PQ=PR-QR=\frac{5}{2}-1=\frac{3}{2}(cm)$

❺ (2) △ABC は C を頂角とする二等辺三角形。二等辺三角形の頂角から底辺の中点へひいた直線は底辺と垂直に交わるから, ∠AEC＝90°

∠AEF＝∠ABC＝∠BAC＝68° だから,

∠CEF＝90°－68°＝22°

(3) △AEF∽△ABD で, その相似比は 1 : 2

面積比は, $1^2 : 2^2=1 : 4$

求める面積比は, 1 : (4－1)＝1 : 3

❻ AD : DB＝1 : 2, △ADE＝10 cm^2 より,

△DBE＝2△ADE＝20(cm^2)

DE : BC＝AD : (AD＋DB)＝1 : 3

よって, EF : FB＝DE : BC＝1 : 3

$\triangle DEF=\frac{1}{4}\triangle DBE=5(cm^2)$

△DEF と △CBF の相似比は 1 : 3 だから, 面積比は, $1^2 : 3^2=1 : 9$

したがって, △FBC＝9△DEF＝45(cm^2)

❼ (1) 底面 ABCD の面積を S とすると,

$\frac{1}{3}\times S\times 12=324$　$S=81(cm^2)$

(2) ① L と L＋M＋N の四角錐の相似比は, 1 : 3 だから,

底面積の比は, $1^2 : 3^2=1 : 9$ です。

立体 L の底面積を S_1 とすると,

$S_1 : 81=1 : 9$, $S_1=9\ cm^2$

② L と L＋M の四角錐の相似比は, 1 : 2 だから,

L と L＋M の四角錐の体積比は, $1^3 : 2^3=1 : 8$ です。

また, L と L＋M＋N の四角錐の体積比は,

$1^3 : 3^3=1 : 27$ です。

$L=\frac{1}{27}(L+M+N)=\frac{324}{27}=12(cm^3)$

L＋M＝8L＝96(cm^3)

M＝96－12＝84(cm^3)

▶ 本文 p.43-44

6章 円

1節 円周角と中心角

p.43-45　Step 2

❶ (1) 50°　(2) 90°　(3) 115°
(4) 40°　(5) 55°　(6) 94°

解き方 (1) $\angle x = \dfrac{1}{2} \times 100^\circ = 50^\circ$

(2) $45^\circ = \dfrac{1}{2}\angle x$ より，$\angle x = 45^\circ \times 2 = 90^\circ$

(3) 円周角 $\angle \mathrm{APB}$ に対する中心角の大きさは，
$360^\circ - 130^\circ = 230^\circ$

$\angle x = \dfrac{1}{2} \times 230^\circ = 115^\circ$

(4) $\angle \mathrm{BAC} = \angle \mathrm{BDC}$　よって，$\angle x = 40^\circ$

(5) $\overset{\frown}{\mathrm{BC}}$ に対する円周角だから，
$\angle x = \angle \mathrm{BAC} = 180^\circ - (35^\circ + 90^\circ) = 55^\circ$

(6) $\overset{\frown}{\mathrm{AB}}$ に対する円周角だから，
$\angle \mathrm{ADB} = \angle \mathrm{ACB} = 30^\circ$
線分 AC と BD の交点を E とすると，$\angle x$ は，△AED の頂点 E における外角だから，
$\angle x = 64^\circ + 30^\circ = 94^\circ$

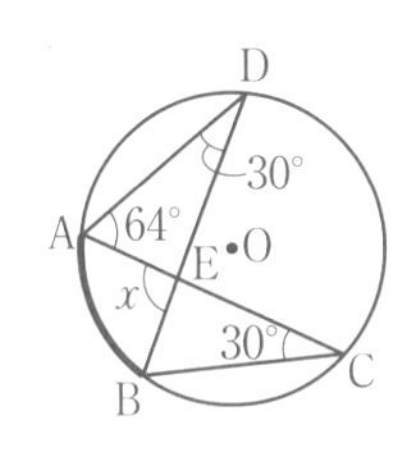

❷ (1) $\angle \mathrm{ABD}$，$\angle \mathrm{ACD}$　(2) 120°

解き方 (1) 点 E を通る $\overset{\frown}{\mathrm{AD}}$ に対する円周角は，右の図のようになります。
よって，$\angle \mathrm{ABD}$ と $\angle \mathrm{ACD}$ です。

(2) $\angle \mathrm{CDE}$ に対する中心角は，
$\angle \mathrm{BOC} + \angle \mathrm{EOB} = 70^\circ + 170^\circ = 240^\circ$
よって，$\angle \mathrm{CDE} = \dfrac{1}{2} \times 240^\circ = 120^\circ$

❸ (1) $x = 40$　(2) $x = 4$　(3) $x = 5$

解き方 (1) 弧の長さが等しいので，$x = 40$

(2) 右の図で，△OBC は，二等辺三角形だから，
$\angle \mathrm{OCB}$
$= (180^\circ - 120^\circ) \div 2$
$= 30^\circ = \angle \mathrm{DAC}$

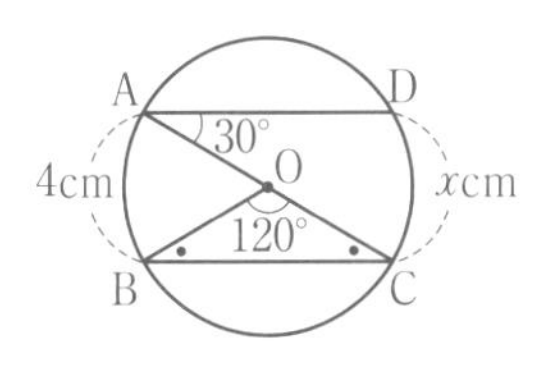

よって，円周角が等しいから，
$\overset{\frown}{\mathrm{DC}} = \overset{\frown}{\mathrm{AB}} = 4\,\mathrm{cm}$　つまり，$x = 4$

(3) 円周角が等しいから，$x = 5$

❹ (1) 110°
(2) $\overset{\frown}{\mathrm{AB}} : \overset{\frown}{\mathrm{BC}} = 1 : 2$，$\overset{\frown}{\mathrm{AB}} : \overset{\frown}{\mathrm{DA}} = 3 : 5$

解き方 (1) $\angle \mathrm{ADB} = \angle \mathrm{ACB} = 30^\circ$
$\angle x = 180^\circ - (40^\circ + 30^\circ)$
$= 110^\circ$

(2) 弧の長さの割合は，円周角の大きさの割合に等しくなります。
半円の弧に対する円周角は直角だから，
$\angle \mathrm{ADC} = 90^\circ$ です。
$\angle \mathrm{BDC} = \angle \mathrm{ADC} - \angle \mathrm{ADB}$
$= 90^\circ - 30^\circ$
$= 60^\circ$
$\angle \mathrm{ACD} = 180^\circ - 90^\circ - 40^\circ$
$= 50^\circ$
$\overset{\frown}{\mathrm{AB}} : \overset{\frown}{\mathrm{BC}}$
$= \angle \mathrm{ACB} : \angle \mathrm{BDC}$
$= 30^\circ : 60^\circ$
$= 1 : 2$
$\overset{\frown}{\mathrm{AB}} : \overset{\frown}{\mathrm{DA}}$
$= \angle \mathrm{ACB} : \angle \mathrm{ACD}$
$= 30^\circ : 50^\circ$
$= 3 : 5$

❺ イ，ウ

解き方 ア $\angle \mathrm{BAC} = 54^\circ$ と $\angle \mathrm{BDC} = 53^\circ$ は等しくないので，4 点は 1 つの円周上にありません。
イ △ABC と △DCB において，
AB＝DC
BC は共通
$\angle \mathrm{ABC} = \angle \mathrm{DCB}$
よって，2 組の辺とその間の角がそれぞれ等しいから，
△ABC≡△DCB
したがって，$\angle \mathrm{BAC} = \angle \mathrm{CDB}$
2 点 A，D が直線 BC について同じ側にあって，
$\angle \mathrm{BAC} = \angle \mathrm{BDC}$ だから，4 点 A，B，C，D は 1 つの円周上にあります。

ウ ∠CAD＝63°－24°＝39°
よって，∠CAD＝∠CBD
2 点 A，B が直線 CD について同じ側にあって，
∠CAD＝∠CBD だから，4 点 A，B，C，D は 1 つの円周上にあります。

❻ (例)仮定から，∠BPC＝18°……①
∠BQC＝18°……②
①，②から，∠BPC＝∠BQC
したがって，2 点 P，Q が直線 BC について同じ側にあって，∠BPC＝∠BQC だから，
4 点 B，P，Q，C は 1 つの円周上にある。
AQ の長さ… 100 m

解き方 4 点 B，P，Q，C が 1 つの円周上にあることの証明は，∠BPC＝∠BQC であることに着目します。
AQ の長さの求め方

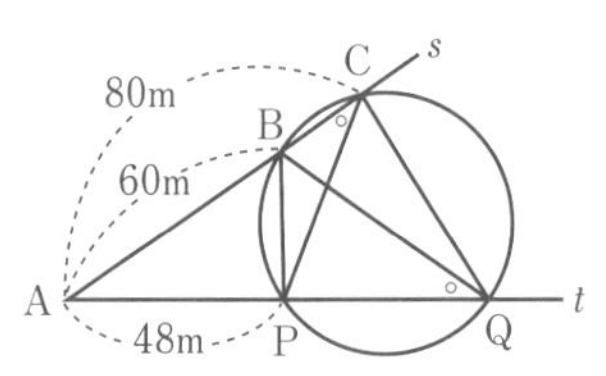

△APC と △ABQ において，円周角の定理より，
∠ACP＝∠AQB，∠A は共通
よって，2 組の角がそれぞれ等しいから，
△APC∽△ABQ
AQ＝x m とすると，
$80 : x = 48 : 60$
$48x = 4800$
$x = 100$

❼

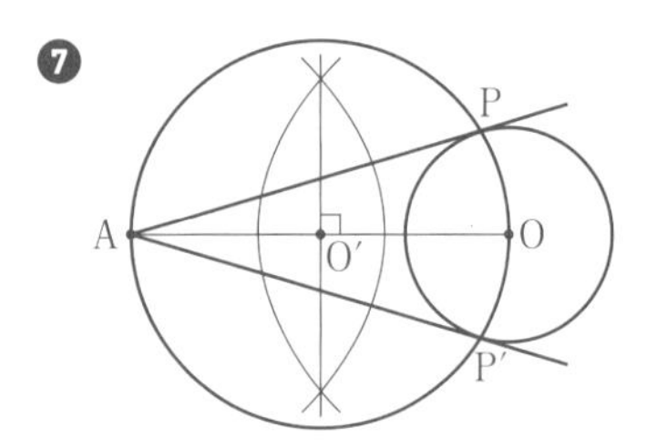

解き方 作図の手順
1 線分 AO の垂直二等分線をひき，線分 AO との交点を O′ とする。
2 O′ を中心として，線分 AO′ を半径とする円をかき，円 O との交点をそれぞれ P，P′ とする。
3 直線 AP，AP′ をひく。

❽ (1) (例)△ADP と △CBP において，
∠P は共通　　……①
$\overset{\frown}{BD}$ に対する円周角は等しいから，
∠PAD＝∠PCB……②
①，②より，2 組の角がそれぞれ等しいから，
△ADP∽△CBP
(2) 10 cm

解き方 (2) △ADP∽△CBP より，
AP : CP＝DP : BP
DP＝x cm とすると，
$(13+12) : (20+x) = x : 12$
$x(20+x) = 25 \times 12$
$x^2 + 20x - 300 = 0$
$(x-10)(x+30) = 0$
$x = 10$，$x = -30$
$x > 0$ だから，$x = 10$

❾ (例)△ABC と △BEC において，
$\overset{\frown}{CD}$ に対する円周角は等しいから，
∠DAC＝∠CBE
仮定から，∠DAC＝∠CAB だから，
∠CAB＝∠CBE……①
共通な角だから，
∠ACB＝∠BCE……②
①，②より，2 組の角がそれぞれ等しいから，
△ABC∽△BEC

解き方 AC が ∠BAD の二等分線であることから，円周角の定理を使って，等しい角を見つけます。

❿ (例)△ABC と △AED において，
$\overset{\frown}{AB}$ に対する円周角は等しいから，
∠ACB＝∠ADE……①
仮定から，∠AED＝90°……②
AC は直径だから，直径に対する円周角より，
∠ABC＝90°……③
②，③より，∠ABC＝∠AED……④
①，④より，2 組の角がそれぞれ等しいから，
△ABC∽△AED

解き方 直径に対する円周角は 90° であることを使います。

p.46-47 Step 3

❶ (1) 57°　(2) 44°　(3) 38°
(4) 96°　(5) 70°　(6) 120°

❷ $\angle x$…36°　$\angle y$…72°　$\angle z$…108°

❸ (1) ○　(2) ×　(3) ○

❹ 解き方参照

❺ (1) AP…AS　BP…BQ　CR…CQ　DR…DS
(2) 36°

❻ (1) △PAC∽△PDB　(2) $\dfrac{20}{3}$ cm

❼ 解き方参照

解き方

❶ (2) BD は直径だから，$\angle BCD = 90°$，
$\angle ACD = \angle ABD = 46°$
よって，$\angle x = 90° - 46° = 44°$

(3) 円周角の定理より，
$\angle ACD = \angle ABD = 42°$
AC と BD の交点を E とすると，△CDE において，
三角形の内角と外角の性質より，
$\angle x = 80° - 42° = 38°$

(4) 円 O の半径だから，
OA＝OB＝OP
よって，△OAP と △OBP は二等辺三角形。
したがって，

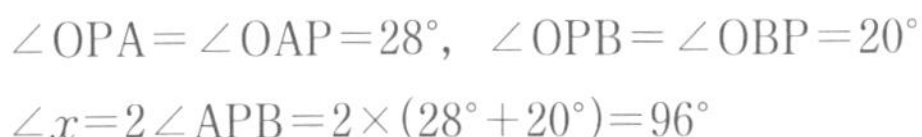

$\angle OPA = \angle OAP = 28°$，$\angle OPB = \angle OBP = 20°$

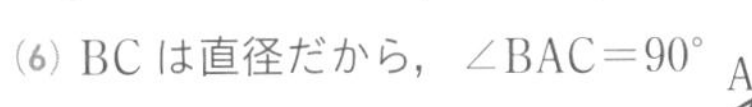

$\angle x = 2\angle APB = 2 \times (28° + 20°) = 96°$

(6) BC は直径だから，$\angle BAC = 90°$
円周角の定理より，
$\angle CAD = \angle CBD = 30°$
$\angle x = 90° + 30° = 120°$

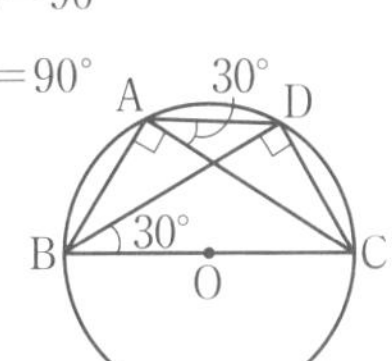

❷ $\overset{\frown}{CD}$ に対する中心角は，
$360° \div 5 = 72°$

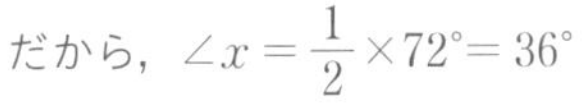

だから，$\angle x = \dfrac{1}{2} \times 72° = 36°$

$\overset{\frown}{AD}$ に対する中心角は，
$72° \times 2 = 144°$

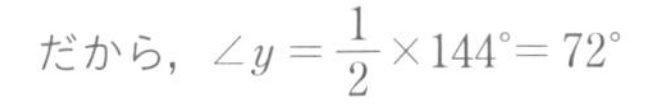

だから，$\angle y = \dfrac{1}{2} \times 144° = 72°$

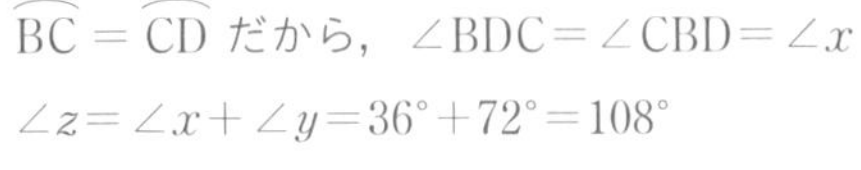

$\overset{\frown}{BC} = \overset{\frown}{CD}$ だから，$\angle BDC = \angle CBD = \angle x$
$\angle z = \angle x + \angle y = 36° + 72° = 108°$

❸ (1) 2 点 B，C が直線 AD について同じ側にあって，
$\angle ABD = 55°$，$\angle ACD = 110° - 55° = 55°$ だから，
4 点は 1 つの円周上にあります。

❹ 線分 AB を直径とする円周上の点を P とすると，
$\angle APB = 90°$ になります。
したがって，線分 AB を直径とする円と直線 ℓ との交点を P(どちらか 1 点)とします。

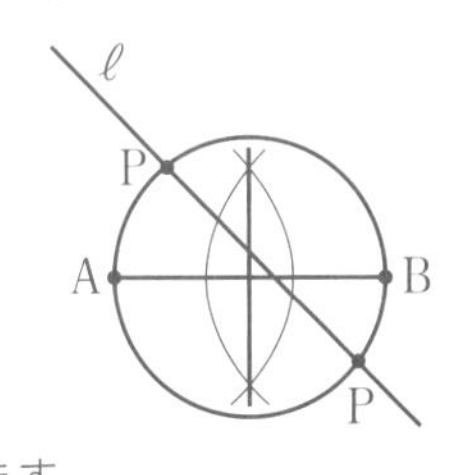

❺ (1) 円の外部にある 1 点から，その円にひいた 2 本の接線の長さは等しいから，
AP＝AS，BP＝BQ，
CR＝CQ，DR＝DS

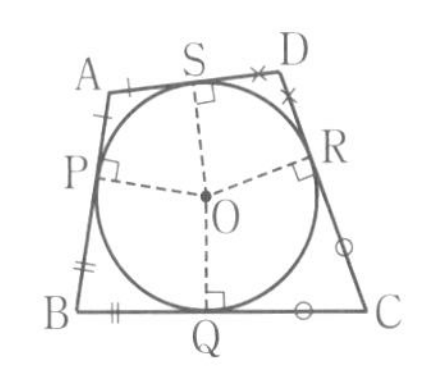

(2) 四角形 APOS において，
$\angle APO = \angle ASO = 90°$ だから，
$\angle POS = 360° - (90° + 90° + 108°) = 72°$
$\angle PRS$ は $\overset{\frown}{PS}$ に対する円周角で，$\angle POS$ は $\overset{\frown}{PS}$ に対する中心角になります。
したがって，$\angle PRS = \dfrac{1}{2}\angle POS = \dfrac{1}{2} \times 72° = 36°$

❻ (1) 円周角の定理より，$\angle PAC = \angle PDB$……①
$\angle ACP = \angle DBP$……②
したがって，①，②より，2 組の角がそれぞれ等しいから，
△PAC∽△PDB
また，対頂角の性質より，$\angle CPA = \angle BPD$ を使って証明することもできます。

(2) △PAC∽△PDB より，
PA：PD＝PC：PB
5：PD＝6：8

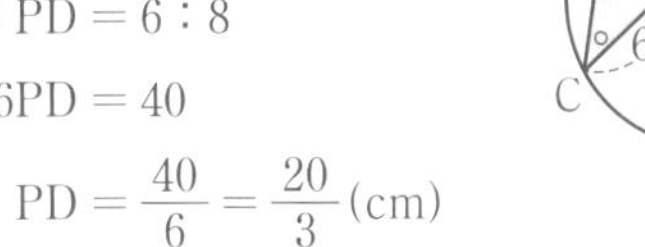

6PD＝40
$PD = \dfrac{40}{6} = \dfrac{20}{3}$ (cm)

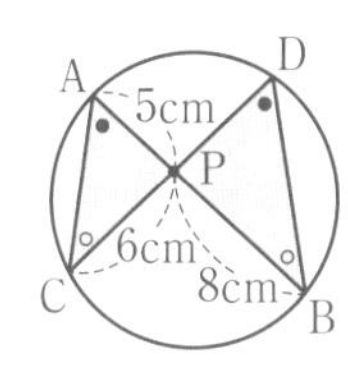

❼ △ACD と △AEF において，
円周角の定理より，
$\angle ACD = \angle AEF$
$\angle ADC = \angle AFE$
よって，2 組の角がそれぞれ等しいから，
△ACD∽△AEF

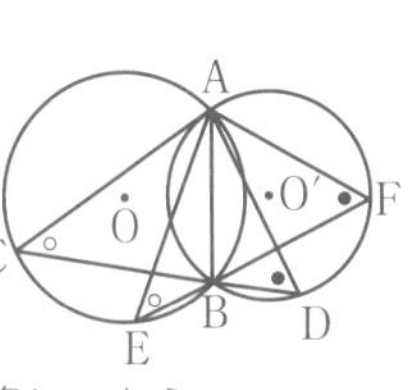

7章 三平方の定理

1節 三平方の定理
2節 三平方の定理の活用

p.49-51 Step 2

❶ (例) $\triangle ABC \backsim \triangle CBD$ より，相似比は

$AB : CB = c : a$

$\triangle CBD \backsim \triangle ACD$ より，相似比は

$CB : AC = a : b$

また，相似な図形の面積比は，相似比の 2 乗に等しいから，

$\triangle ABC : \triangle CBD = c^2 : a^2$

$\triangle CBD : \triangle ACD = a^2 : b^2$

$\triangle ABC = \triangle CBD + \triangle ACD$ より，$c^2 = a^2 + b^2$

したがって，三平方の定理 $a^2 + b^2 = c^2$ が成り立つ。

解き方 相似な図形の面積比は，相似比の 2 乗に等しいことを使います。

❷ (1) $x=15$　(2) $x=8$

(3) $x=4\sqrt{2}$　(4) $x=16$

解き方 三平方の定理 $a^2+b^2=c^2$ を使って求めます。斜辺が c であることに気をつけます。

(1) $x^2=9^2+12^2$

$x^2=225$

$x>0$ だから，$x=\sqrt{225}=15$

(2) $x^2=17^2-15^2$

$x^2=64$

$x>0$ だから，$x=\sqrt{64}=8$

(3) $x^2=9^2-7^2$

$x^2=32$

$x>0$ だから，$x=\sqrt{32}=4\sqrt{2}$

(4) 右の図で，

$y^2=15^2-9^2$

$y^2=144$

$y>0$ だから，

$y=\sqrt{144}=12$

$x^2=20^2-12^2$

$x^2=256$

$x>0$ だから，$x=\sqrt{256}=16$

❸ ㋑，㋓

解き方 三平方の定理の逆を使います。

3 辺の長さが a，b，c であるとき，

$a^2+b^2=c^2$ が成り立つかどうかを調べます。このとき，最も長い辺を c とします。

㋐ $6^2+5^2=61$　$7^2=49$

㋑ $7^2+24^2=625$　$25^2=625$

㋒ $\sqrt{3}<2<\sqrt{5}$ だから，

$(\sqrt{3})^2+2^2=7$　$(\sqrt{5})^2=5$

㋓ $\sqrt{7}<3<4$ だから，

$(\sqrt{7})^2+3^2=16$　$4^2=16$

直角三角形は㋑と㋓です。

❹ (1) $x=4\sqrt{2}$　(2) $x=3$，$y=3\sqrt{3}$

解き方 (1) 直角二等辺三角形だから，

$4 : x = 1 : \sqrt{2}$　$x=4\sqrt{2}$

(2) 60° の角をもつ直角三角形だから，

$x : 6 = 1 : 2$　$y : 6 = \sqrt{3} : 2$

$2x=6$　$2y=6\sqrt{3}$

$x=3$　$y=3\sqrt{3}$

❺ (1) $x=4\sqrt{2}$，$y=8\sqrt{2}$

(2) $x=2\sqrt{2}$，$y=\sqrt{6}$

解き方 (1) $x : 8 = 1 : \sqrt{2}$

$\sqrt{2}\,x=8$

$x=\dfrac{8}{\sqrt{2}}=4\sqrt{2}$

$4\sqrt{2} : y = 1 : 2$

$y=8\sqrt{2}$

(2) $2 : x = 1 : \sqrt{2}$　$y : 2\sqrt{2} = \sqrt{3} : 2$

$x=2\sqrt{2}$　$2y=2\sqrt{6}$

$y=\sqrt{6}$

❻ (1) 8 cm

(2) ① 15 cm　② 7 cm

解き方 (1) 円の中心から，弦にひいた垂線は，弦を 2 等分することを利用します。

$AH=x$ cm とすると，

$x^2+3^2=5^2$

$x^2=5^2-3^2=16$

$x>0$ だから，$x=\sqrt{16}=4$

$AB=2AH=2\times4=8$(cm)

(2) 円の接線は，接点を通る半径に垂直だから，$\triangle$OAP は，$\angle$OPA$=90^\circ$ の直角三角形です。三平方の定理を使います。

① $AP^2+8^2=17^2$

$AP^2=17^2-8^2=225$

$AP>0$ だから，$AP=\sqrt{225}=15$(cm)

② $AP^2+(\sqrt{15})^2=8^2$

$AP^2=8^2-(\sqrt{15})^2=49$

$AP>0$ だから，$AP=\sqrt{49}=7$(cm)

7 (1) 10　　(2) $2\sqrt{5}$

解き方 斜辺が AB で，他の 2 辺が x 軸，y 軸に平行になる直角三角形 ABC をつくって考えます。

(1) $AC=2-(-4)=6$

$BC=6-(-2)=8$

$AB^2=6^2+8^2=100$

$AB>0$ だから，

$AB=\sqrt{100}=10$

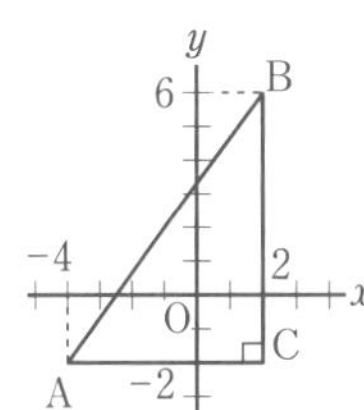

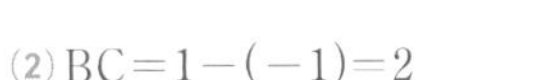

(2) $BC=1-(-1)=2$

$AC=2-(-2)=4$

$AB^2=2^2+4^2=20$

$AB>0$ だから，

$AB=\sqrt{20}=2\sqrt{5}$

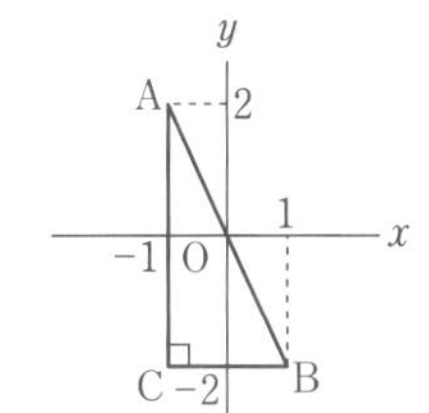

8 (1) $2\sqrt{6}$ cm　　(2) $6\sqrt{3}$ cm

解き方 (1) 右の図で，

$EG^2=2^2+4^2$

$=20$

$EG>0$ だから，

$EG=\sqrt{20}=2\sqrt{5}$

$AG^2=2^2+(2\sqrt{5})^2=24$

$AG>0$ だから，$AG=\sqrt{24}=2\sqrt{6}$ (cm)

(2) 底面の正方形の対角線の長さを x cm とすると，

$6:x=1:\sqrt{2}$

$x=6\sqrt{2}$

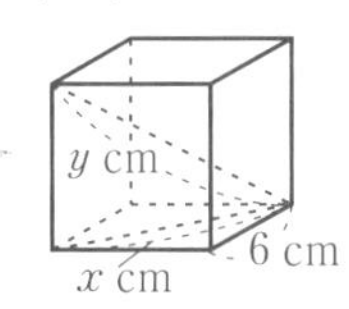

立方体の対角線の長さを y cm とすると，

$6^2+(6\sqrt{2})^2=y^2$　$y^2=108$

$y>0$ だから，$y=\sqrt{108}=6\sqrt{3}$

9 (1) $\sqrt{31}$ cm　　(2) $12\sqrt{31}$ cm^3

(3) $(36+24\sqrt{10})$cm^2

解き方 (1) AC と BD との交点を H とすると，OH がこの正四角錐の高さになります。

$\triangle$ABC は，AB$=$CB の直角二等辺三角形だから，

$AB:AC=1:\sqrt{2}$

$AC=6\sqrt{2}$

$AH=\dfrac{1}{2}AC=3\sqrt{2}$ (cm)

$OH^2=OA^2-AH^2=7^2-(3\sqrt{2})^2=31$

$OH>0$ だから，$OH=\sqrt{31}$ cm

(2) $\dfrac{1}{3}\times6\times6\times\sqrt{31}=12\sqrt{31}$ (cm^3)

(3) 側面は，すべて合同な二等辺三角形です。

右の図で，AB の中点を M とすると，

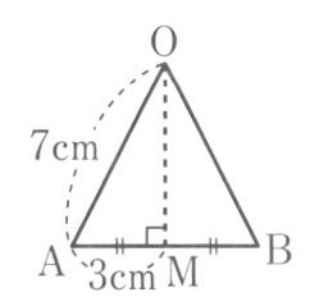

$AM=BM$

$OM^2=7^2-3^2=40$

$OM>0$ だから，$OM=\sqrt{40}=2\sqrt{10}$ (cm)

$\triangle OAB=\dfrac{1}{2}\times6\times2\sqrt{10}=6\sqrt{10}$ (cm^2)

表面積は，$6^2+6\sqrt{10}\times4=36+24\sqrt{10}$ (cm^2)

10 (1) 8 cm　　(2) 96π cm^3

解き方 (1) 高さを h cm とすると，

$6^2+h^2=10^2$

$h^2=10^2-6^2=64$

$h>0$ だから，$h=\sqrt{64}=8$

11 (1) $\sqrt{61}$ cm　　(2) $\sqrt{65}$ cm

解き方 (1) 右は展開図の一部で，求める長さは，線分 AG です。

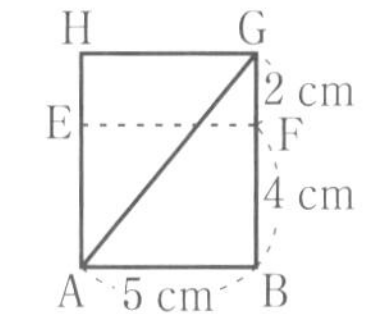

$AG^2=5^2+(4+2)^2$

$=61$

$AG>0$ だから，$AG=\sqrt{61}$ cm

(2) (1)と同様に求めます。

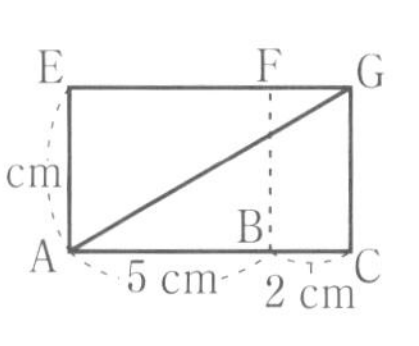

$AG^2=(5+2)^2+4^2$

$=65$

$AG>0$ だから，$AG=\sqrt{65}$ cm

p.52-53 Step 3

❶ (1) $x=2\sqrt{5}$ (2) $x=4\sqrt{2}$ (3) $x=2\sqrt{14}$

❷ (1) × (2) ○ (3) × (4) ○

❸ AB $8\sqrt{3}$ cm BC $4\sqrt{3}$ cm AD $6\sqrt{2}$ cm CD $6\sqrt{2}$ cm

❹ (1) $5\sqrt{2}$ cm (2) $16\sqrt{3}$ cm^2 (3) $6\sqrt{2}$ (4) $12\sqrt{2}$ cm

❺ (1) 直角三角形 (2) 30

❻ (1) $32\sqrt{2}$ cm^2 (2) $4\sqrt{7}$ cm (3) $\dfrac{256\sqrt{7}}{3}$ cm^3

❼ (1) $\sqrt{22}$ cm (2) $2\sqrt{13}$ cm

解き方

❶ (3) △ACD で，$AD^2+4^2=6^2$

$AD^2=20$

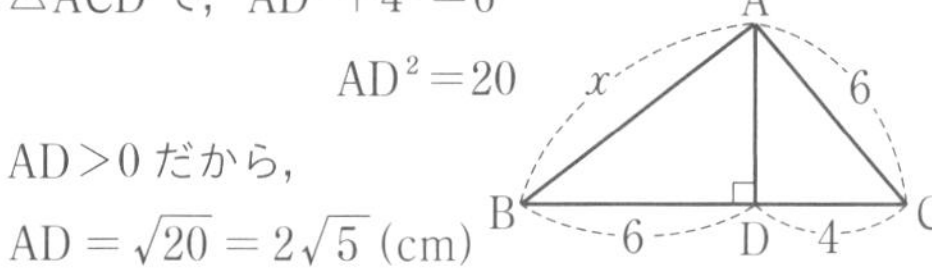

$AD>0$ だから，

$AD=\sqrt{20}=2\sqrt{5}$ (cm)

△ABD で，$6^2+AD^2=x^2$

$x^2=6^2+(2\sqrt{5})^2=56$

$x>0$ だから，$x=\sqrt{56}=2\sqrt{14}$

❷ 最も長い辺を c として，$a^2+b^2=c^2$ が成り立つかどうかを調べます。

(1) $4^2+5^2=41$ $7^2=49$

(2) $0.9^2+1.2^2=2.25$ $1.5^2=2.25$

(3) $2\sqrt{3}=\sqrt{12}$，$3=\sqrt{9}$ だから，$2\sqrt{3}>3$

$2^2+3^2=13$ $(2\sqrt{3})^2=12$

(4) $2\sqrt{2}=\sqrt{8}$ だから，

$(\sqrt{2})^2+(\sqrt{6})^2=8$ $(\sqrt{8})^2=8$

❸ △ABC は，60° の角をもつ直角三角形だから，

$AB:BC:AC=2:1:\sqrt{3}$

$AB:12=2:\sqrt{3}$

$\sqrt{3}\,AB=24$ $AB=\dfrac{24}{\sqrt{3}}=8\sqrt{3}$ (cm)

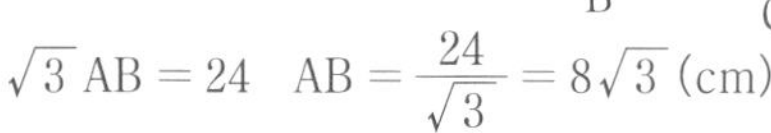

$BC:8\sqrt{3}=1:2$ $2BC=8\sqrt{3}$

$BC=\dfrac{8\sqrt{3}}{2}=4\sqrt{3}$ (cm)

△ACD は，直角二等辺三角形だから，

$AC:AD:CD=\sqrt{2}:1:1$

$AD:12=1:\sqrt{2}$ $\sqrt{2}\,AD=12$

$AD=\dfrac{12}{\sqrt{2}}=6\sqrt{2}$ (cm) $CD=AD=6\sqrt{2}$ cm

❹ (3) 点 A，B，C の座標はそれぞれ，(4, 8)，(−2, 2)，(4, 2)

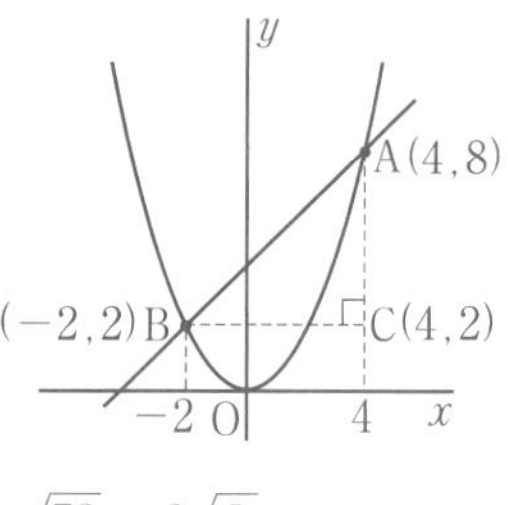

$BC=4-(-2)=6$

$AC=8-2=6$

$AB^2=6^2+6^2=72$

$AB>0$ だから，$AB=\sqrt{72}=6\sqrt{2}$

(4) $AH=x$ cm とすると，△OAH は直角三角形だから，$x^2+3^2=9^2$

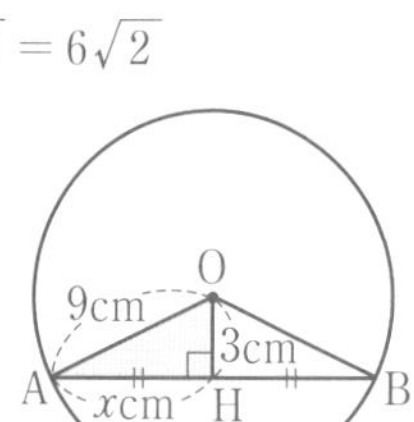

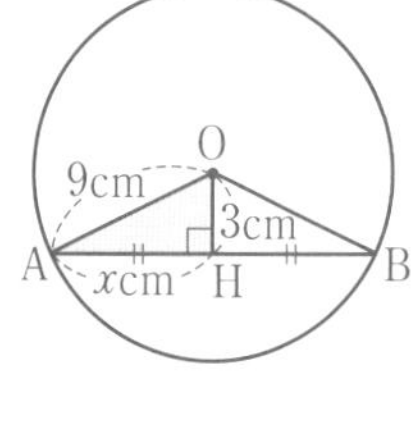

$x^2=72$

$x>0$ だから，

$x=\sqrt{72}=6\sqrt{2}$

$AB=2AH=2\times6\sqrt{2}=12\sqrt{2}$ (cm)

❺ 右の図のようになります。

(1) AB^2

$=\{5-(-6)\}^2+(4-2)^2$

$=125$

BC^2

$=\{2-(-6)\}^2+\{2-(-2)\}^2=80$

$AC^2=(5-2)^2+\{4-(-2)\}^2=45$

$AB^2=BC^2+AC^2$ より，直角三角形です。

(2) $\dfrac{1}{2}\times3\sqrt{5}\times4\sqrt{5}=30$

❻ (1) △OAB の高さは，$\sqrt{12^2-4^2}=8\sqrt{2}$ (cm)

(2) $AC=8\sqrt{2}$ cm

$OH^2=12^2-(4\sqrt{2})^2=112$

$OH>0$ だから，$OH=\sqrt{112}=4\sqrt{7}$ (cm)

(3) $\dfrac{1}{3}\times8\times8\times4\sqrt{7}=\dfrac{256\sqrt{7}}{3}$ (cm^3)

❼ (1) 点 M を通り，面 ABCD に平行な平面を PQMR とします。EM は，直方体 EFGHPQMR の対角線とすれば求められます。

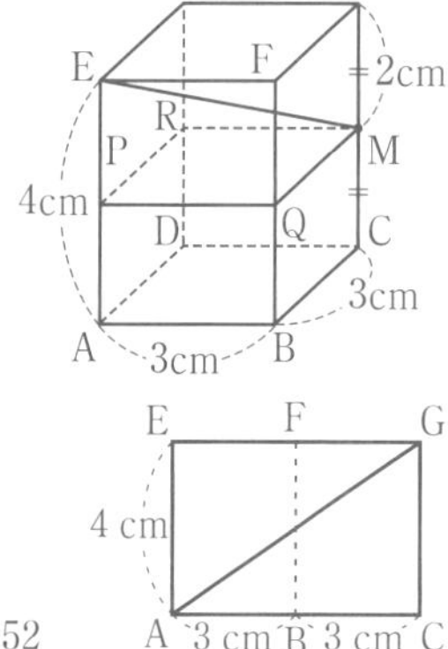

(2) 右は展開図の一部で，求める長さは，線分 AG の長さです。

$AG^2=(3+3)^2+4^2=52$

$AG>0$ だから，

$AG=\sqrt{52}=2\sqrt{13}$ (cm)

8章 標本調査

1節 標本調査

p.55 Step 2

❶ イ，ウ

解き方 調査にかかる時間や労力，費用を少なくしたい場合や，調査対象の数が多すぎて全数調査が困難である場合に標本調査を行います。

❷ (1) 母集団…中学生全員 6723 人
標本…無作為に抽出された 100 人の生徒
(2) 100　(3) 約 15 分

解き方 (1) 標本調査を行うとき，調査する対象となるもとの集団を母集団，調査するために母集団から取り出された一部を標本といいます。
(2) 標本にふくまれる値の個数を標本の大きさといいます。
(3) 標本の平均値は母集団の平均値とほぼ等しいと考えられます。

❸ 約 44 kg

解き方 16 以上の数や，重複する数は省きます。
10，~~36~~，~~20~~，~~10~~，~~48~~，09，~~72~~，~~35~~，~~94~~，12，
~~94~~，~~78~~，~~29~~，14，~~80~~，…
無作為に抽出された，10，9，12，14 の番号の握力を標本として取り出し，平均値を求めます。
母集団の平均値は，およそ

$$\frac{52+49+36+39}{4}=\frac{176}{4}=44\,(\mathrm{kg})$$

❹ 約 210 個

解き方 5000 個の製品のうち不良品の個数を x 個とすると，

$5000:x=120:5$
$120x=25000$
$x=208.\cdots$

このことから，約 210 個の不良品が出ると推定できます。

p.56 Step 3

❶ (1) 全数調査　(2) 標本調査
❷ イ，エ
❸ 約 350 個
❹ 約 3750 個
❺ 約 1400 粒

解き方

❶ (1) 学力検査は全員について調査します。
(2) すべて調査すると商品がなくなるので，標本調査をします。

❷ 標本の取り出し方は，かたよりなく決める必要があります。**ア**や**ウ**はかたよりが出るおそれがあります。

❸ 5 回の調査の平均を求めると，
$(8+7+6+8+6)\div5=7$(個)
袋の中の白石の数を x 個とすると，
$20:7=1000:x$
$x=350$

❹ 最初に箱の中にはいっていた白い玉の個数を x 個とすると，
$150:8=x:200$
$x=3750$

❺ 最初に袋の中にはいっていた白米の粒数を x 粒とすると，
$(x+200):200=320:40$
$40(x+200)=64000$
$x+200=1600$
$x=1400$

テスト前 ☑ やることチェック表

① まずはテストの目標をたてよう。頑張ったら達成できそうなちょっと上のレベルを目指そう。
② 次にやることを書こう（「ズバリ英語〇ページ，数学〇ページ」など）。
③ やり終えたら▢に✓を入れよう。
最初に完ぺきな計画をたてる必要はなく，まずは数日分の計画をつくって，
その後追加・修正していっても良いね。

目標

	日付	やること 1	やること 2
2週間前	／	▢	▢
	／	▢	▢
	／	▢	▢
	／	▢	▢
	／	▢	▢
	／	▢	▢
	／	▢	▢
1週間前	／	▢	▢
	／	▢	▢
	／	▢	▢
	／	▢	▢
	／	▢	▢
	／	▢	▢
	／	▢	▢
テスト期間	／	▢	▢
	／	▢	▢
	／	▢	▢
	／	▢	▢
	／	▢	▢

QRコードのページに登録すると，「ぴたリンク」からも表をダウンロードできるよ

テスト前 ☑ やることチェック表

① まずはテストの目標をたてよう。頑張ったら達成できそうなちょっと上のレベルを目指そう。
② 次にやることを書こう（「ズバリ英語○ページ，数学○ページ」など）。
③ やり終えたら□に✓を入れよう。
最初に完ぺきな計画をたてる必要はなく，まずは数日分の計画をつくって，
その後追加・修正していっても良いね。

目標

	日付	やること 1	やること 2
2週間前	／	□	□
	／	□	□
	／	□	□
	／	□	□
	／	□	□
	／	□	□
	／	□	□
1週間前	／	□	□
	／	□	□
	／	□	□
	／	□	□
	／	□	□
	／	□	□
	／	□	□
テスト期間	／	□	□
	／	□	□
	／	□	□
	／	□	□
	／	□	□

QRコードのページに登録すると，「ぴたリンク」からも表をダウンロードできるよ

キリトリ線